和家长谈青少年安全健康成长系列

JUJIA YIWAI YINGJI ZHIDAO

居家意外应急指导

时杰　主编

U0345357

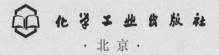

化学工业出版社

·北京·

从小培养孩子的安全意识是家长的责任，也是家长送给孩子的最好礼物。《居家意外应急指导》在有限的篇幅内涵盖了丰富的避险自救知识，书中分别介绍了居家食品安全常识，意外受伤的紧急救护，家电的安全使用，突发事故的应急自救，居家防盗与防骗等不同情景的危险事件，告诉读者当遇到这些情况时应该如何做出正确避险反应。

本书适用于各类人群，不仅可作为青少年学生必备的普及教育读本，还可作为日常生活的实用防护手册。

图书在版编目（CIP）数据

居家意外应急指导 / 时杰主编 . -- 北京：化学工业出版社，2016.1
（和家长谈青少年安全健康成长系列）
ISBN 978-7-122-25785-7

Ⅰ．居… Ⅱ．①时… Ⅲ．①安全教育 - 青少年读物Ⅳ．① -X956-49

中国版本图书馆 CIP 数据核字（2015）第 293537 号

责任编辑：袁海燕　　　　　　　　　　文字编辑：李　曦
责任校对：吴　静　　　　　　　　　　装帧设计：王晓宇

出版发行：化学工业出版社（北京市东城区青年湖南街 13 号　邮政编码 100011）
印　　装：北京云浩印刷有限责任公司
710mm×1000mm 1/16　印张 7　字数 99 千字　2016 年 7 月北京第 1 版第 1 次印刷

购书咨询：010-64518888（传真：010-64519686）　售后服务：010-64518899
网　　址：http://www.cip.com.cn
凡购买本书，如有缺损质量问题，本社销售中心负责调换。

定价：29.80 元　　　　　　　　　　　　　　　　版权所有　违者必究

编写人员

主编：时杰

参编人员：

张付萌	韩万喜	苏志金	袁心蕊
阮元龙	赵文杰	席守煜	张期全
范小波	马艳霞	李悠然	王 成

前言

现代社会日新月异，安全隐患无处不在。居安思危，学习在危险来临时的应对之策是对生命的最大尊重。安全教育是人生教育的第一课，我们绝不能忽视。从小就开始培养孩子的安全意识，让孩子学习必要的安全知识，知道如何避免和应对意外事件，迈出自护、自救的第一步，这是家长的责任，也是家长送给孩子的最好礼物。

在我们眼里安全舒适的家中，隐藏着种种安全隐患。本书在有限的篇幅内涵盖了丰富的避险自救知识，书中不仅介绍了食品安全常识、紧急救护方法、安全使用家用电器、被困电梯的应急自救、居家防盗与防骗等不同情境的危险事件、告诉人们当遇到这些情况时应该如何做出正确避险反应，还介绍了家长应如何对青少年进行安全教育。全书图文并茂，通俗易懂地讲述青少年常见的居家安全问题，既有实用性，又有可读性。

不妨把这本《居家意外应急指导》作为居家必备，也许就是在闲适时无意中的一瞥，就会让我们在危急时刻及时发现险情，找到逃生之路。

编者

2016 年 1 月

目录

第一章
近在咫尺的居家意外

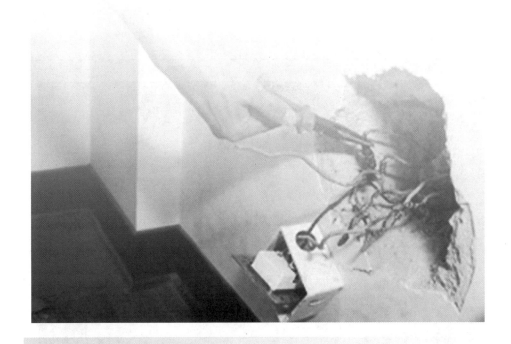

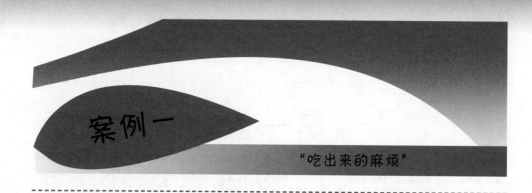

案例一

"吃出来的麻烦"

2012 年 9 月，黑龙江省泰来县某中学初一年级的学生李某，早晨到小卖店买了一袋辣条，边赶路边吃。上课半个多小时后，李某突然肚子疼，嘴唇发紫，浑身哆嗦，呼吸困难。到医院经及时抢救方脱离危险。经调查，李某吃的辣条已过期变质，并含有大量的病菌，是没有生产厂家、出厂日期、保质期的伪劣垃圾食品。

　　部分青少年由于自身的安全意识淡薄，很容易陷入危险的境地而不自知。其中青少年触电事故频现，不得不引起我们的注意。

　　2014年5月6日，家住福建省泉州市的一名男孩在拔电扇插头时突然触电身亡。男孩姓黄，今年13岁，两年前随父母从河南老家来到福建。男孩的父亲说，当天晚上8点左右，他和儿子在家里看电视。突然，身边的落地电扇不转了，因为儿子离电扇较近，黄某便下意识地叫他查看一下电扇。儿子摆弄了几下开关，可是电扇依旧不转，随即他就走到电源处去拔插头。"没想到儿子的手刚接触到插头，他整个人就僵在了那里，我立即起身去拉他，就听到'砰'的一声，儿子被弹了出去。"儿子触电之后，全身泛起了紫黑色，黄某试着给儿子做人工呼吸，可是已经晚了。

　　悲剧发生之后，有关部门人员到黄某的家里进行了勘察，发现导致黄某儿子触电的原因是由于电扇插头处的绝缘体老化，因此造成了漏电。

案例三

　　2013年9月12日晚上，3名6岁左右的小孩在自家小区乘坐电梯时发生故障，使他们被困在电梯桥厢中，情况十分危险。在接到报警后，消防大队立即出动一辆消防车、7名官兵火速前往救援。当消防救援人员到达现场时，现场已经被挤得水泄不通。尽管隔着一堵墙，但是小孩的哭声可从电梯里传出，孩子的家长也焦急地在电梯口踱来踱去。经过调查发现，事故电梯停在了2楼和3楼中间，1名小孩更是被卡在了电梯轿厢和墙面之间，下半身已经悬空，如果电梯下滑，后果不堪设想。

在了解情况后，消防救援指挥员立即制订了救援方案：在2楼把墙面凿一个洞，将被卡的小孩托进电梯里，再利用手动开关，把电梯拉到4楼，用消防扩张器将电梯门撬开从而将其救出。收到救援方案后，消防队员一方面从外面向小孩喊话，减轻他们的恐惧感；另一方面立即使用破拆器材对2楼墙面进行破拆。15分钟后，消防队员们成功地将墙体砸出一个洞。随后一名消防队员从砸开的洞里侧着身子将被卡小孩向电梯里托。由于被卡小孩脚已经麻木，使得救援变得十分困难。经过10分钟的努力，下半身悬空在电梯内的小孩被顺利托进电梯轿厢。

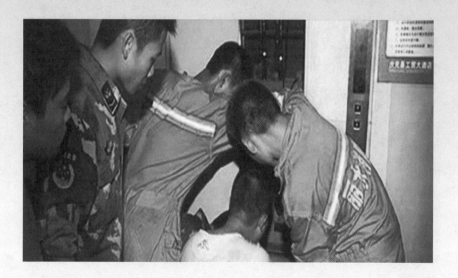

在确定小孩被托进电梯轿厢后，消防队员启动电梯手动开关，被卡轿厢徐徐往4楼升起。最后，消防队员利用扩张器对电梯门进行扩张。5分钟后，电梯门被强行顶开。经过一个多小时的努力，3名小孩才被成功救出。

案例四

"追跑打闹出来的风波"

　　小雷（化名）与欢欢（化名）是同班同学，均就读于北京市某中学。2013年5月9日下午，小雷与欢欢在家里追跑打闹，导致两人摔倒，欢欢坐在了小雷的腿上，造成小雷左腿受伤。经医院诊断，小雷左胫骨远端骨折，左腓骨远端骨折。小雷先后到多所医院治疗，共住院19天。经司法鉴定，小雷的伤情构成十级伤残。双方家长就赔偿事宜无法达成一致，小雷一纸诉状将欢欢起诉到法院。

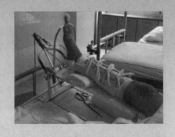

　　法院经审理认为：公民的身体健康权受法律保护。无民事行为能力人、限制民事行为能力人造成他人人身损害的，由监护人承担侵权责任。限制民事行为能力人在家里受到人身损害，家长未尽到教育、管理职责的，应当承担责任。本案原告小雷遭受人身伤害的原因，是因其在与被告欢欢追跑打闹过程中造成的，小雷和欢欢作为初中学生，事发时均已满十四周岁，对自身行为后果及危险性应有相应的理解和认知能力，双方对损害结果的发生均存在过错，应对损害结果承担同等责任。家长并未及时发现并制止小雷和欢欢的打闹行为，存在教育管理不力问题，对损害结果也应承担一定责任。

"偷配钥匙盗窃朋友电脑"

为得到朋友的电脑，某县城关镇一名学生竟然偷偷配了朋友家的钥匙，趁朋友不在时溜进其家中进行盗窃。

2013年1月13日晚19点，某县城关派出所接局指挥中心指令：某县城关镇某路××号被盗，请出警处理。接警后，派出所民警赶往案发地点。经调查了解，当日下午受害人余某家中无人，被人入室盗走两台笔记本电脑：一台为联想牌笔记本电脑，价值5400元；一台为东芝牌笔记本电脑，价值约4500元。案件受理后，派出所民警除正常的调查走访外，还对可能的销赃渠道进行了布控。

1月14日17时许，城关镇一家电脑经销店店主向该所举报称：有人拿着可能是被盗的电脑前来升级，随后派出所民警赶到电脑经销店当场抓获了嫌疑人蔡某某。

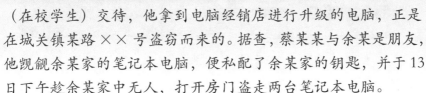

经讯问，犯罪嫌疑人蔡某某（在校学生）交待，他拿到电脑经销店进行升级的电脑，正是在城关镇某路××号盗窃而来的。据查，蔡某某与余某是朋友，他觊觎余某家的笔记本电脑，便私配了余某家的钥匙，并于13日下午趁余某家中无人，打开房门盗走两台笔记本电脑。

留守少年辍学、失学，一直是一个全社会关注的问题。2011年，惠州三个辍学留守青少年在高速公路路边投石砸东西取乐，他们的极端行为夺走了邢某的生命。

3名犯罪嫌疑人（黄某、林某、蔡某）没有案底，并自称是第一次做出这种行为，在高速公路边但不以抢劫为目的扔石头砸车，仅是为了取乐。

砸中并致使邢某所乘坐的车辆停下后，他们并未上前，而是自行离开。经排查，案发现场附近的铁丝网被人割开一个大洞，3人即通过该处到达案发现场，站在高速公路边扔掷石块。当记者到其中一人家中采访，村民介绍，黄某家里条件是村里最差的，有兄妹5人，他在家中排行第三。林某和蔡某家经济条件也一般。林某母亲常年在外打工，父亲在家务农。蔡某父亲在外打工，母亲在家务农。当被问到有关孩子的行为时，他们的父母都无奈地回答："爱怎么办就怎么办吧，我们也有心无力的。"

　　根据警方披露的案情，击中邢某所乘车辆的石块，为林某扔出。如果仅是"以取乐为目的"，该犯罪嫌疑人应无剥夺他人生命的动机，属于疏忽大意致人死亡，涉嫌过失致人死亡罪。而因为林某为1996年7月出生，案发时年仅15岁，属于未成年人犯罪。根据法律规定，量刑时可以从轻处理。至于该案的另外两人，因为是一起前往事发地点，都有投掷石块的行为，有共同犯意，涉嫌构成共同犯罪。

第二章
居家安全教育

由于青少年年龄比较小，他们的安全意识普遍比较薄弱，主要表现为：在自身物品管理上，物品随意乱放；缺乏自我保护意识，对社会了解不够；青少年在校园内学习生活，接触社会少，辨别是非能力差，容易被犯罪分子利用指示其犯罪；还有的青少年不注意用电、用火安全，存在侥幸心理，往往容易造成安全事故。

因此，对青少年进行居家安全教育是开展学校素质教育的需要；对青少年进行居家安全教育是复杂的社会治安形势的需要；对青少年进行居家安全教育是提高青少年安全意识的需要。

青少年正值人生的春天，对其开展安全教育，无疑如同在生命中播下了平安的种子。"春种一粒粟，秋收万颗子。"要切实提高全民的安全素质，抓好青少年的安全教育就显得尤为重要。因此，如何做好居家安全工作，保障青少年人身财产安全，促进其身心健康发展，确保整个家庭的安全与稳定，是摆在我们家长面前的一个突出问题。所以，家长在孩子安全教育中承担着重要责任。

二、家长的责任

1. 安全教育责任

家长应对孩子进行安全教育和自护自救教育，让孩子掌握一些基本的安全防范、安全自护和安全自救知识，如对孩子进行用电安全、用火安全、人身安全、财物安全、饮食卫生安全等教育。家长不仅自己要牢固树立安全责任重如山、生命责任大如天的意识，还要努力使孩子树立"安全第一"的观念。

2. 安全告知责任

家长的告知可分为两个方面：一是把家庭进行的各种活动中有关安全方面应注意的问题告知孩子；二是把家庭及其周边的设施包括环境中可能存在的安全隐患告知孩子。家长履行告知责任，可积极有效地预防安全事故的发生。

3. 安全防范责任

家长要对居家环境中可能出现的安全问题进行防范，要防微杜渐，防患于未然。

4. 安全救护责任

孩子一旦发生安全事故后，要及时进行自护自救，并采取得力措施防止事故的扩大。更重要的是要抓好孩子的安全教育，家长除了要担负起救护责任外还要开展好安全教育。要从小事做起，对孩子晓之以理，动之以情，导之以行，从而做到润物细无声。

三、家长应当如何做

1. 晓之以理，从小事中培养孩子的安全意识

家长总有这样的感受，现在的孩子难教。是的，现在的孩子接触的事物并不比成年人少，并易受社会习气的影响，导致家庭教育常常在社会不良气氛中显得苍白无力。如何抵制这些消极影响呢？必须注重从孩子的日常小事入手，在小事中挖掘安全教育的材料。

（1）从听到的小事提高孩子的防范意识

我们在日常生活、教育过程中总会听到这样那样的事情，其中不少是进行安全教育的好材料，如果我们善于发现、挖掘，孩子会很容易接受教育。如：家长组织孩子平时注意收集广播、电视、生活中听

到的安全事故，然后谈谈自己的体会和看法，以进行安全警示教育。

（2）从看到的小事进行安全防范教育

眼睛是我们接受信息的重要途径，生活中看到的许多小事同样是很好的安全教育材料。安全隐患时时在我们身边，我们要做的就是防患于未然。让孩子寻找发生在身边的安全事故及藏于身边的安全隐患，把自己的所见所闻和孩子进行交流，让孩子得到警示教育，并提高安全防范意识。

2.动之以情，在小事中提高孩子的自我保护能力

有研究表明，体验是孩子发展能力、形成技能的最好途径。家长只是一味地反复叮嘱或是训斥，而没有真正让孩子去体验、去感受，那么孩子是无法形成良好技能的。安全教育的重要内容是提高孩子的自我保护能力。孩子自我保护能力的培养，要从小事入手，在小事中让孩子体验自我保护的重要性及自我保护的过程，从而形成技能。

在小事中利用各种机会去丰富孩子的自我保护经验，教会孩子自我保护的方法，培养孩子自我保护的能力，使之有足够的能力和勇气沉着应对突发事件，这是安全教育的目的，也可说是现代素质教育的一项内容。

3.导之以行，引导孩子远离安全事故

安全教育的最终目标是提高孩子的安全行为，从而在学习生活中远离安全事故。孩子是未成年人，生活中的安全隐患不可避免，我们要做好的就是防患于未然。导之以行，注重引导与规范，重中之重是规范孩子的不良行为习惯，引导孩子以安全的行为在安全的环境中进行有益身心健康的活动；规范孩子科学的活动，不到有安全隐患的区域活动；培养孩子良好的行为习惯，使之远离安全事故。

安全无小事，防范是关键。只有孩子、家长都树立起安全责任重于泰山的意识，掌握正确的意外应急方法，才能真正确保孩子们的安全。

第三章
关注食品安全

一、食品安全的定义以及食品质量的基本要求

《中华人民共和国食品安全法》第十章附则中第九十九条规定：食品安全，指食品无毒、无害，符合应当有的营养要求，对人体健康不造成任何急性、亚急性或者慢性危害。

食品安全的含义有以下 3 个层次。

1. 第一层 食品数量安全

一个国家或地区能够生产民族基本生存所需的膳食。要求人们既能买得到又能买得起生存、生活所需要的基本食品。

2. 第二层 食品质量安全

指提供的食品在营养、卫生方面满足和保障人群的健康需要，食品质量安全涉及食物的污染、是否有毒、添加剂是否违规超标、标签是否规范等问题，需要在食品受到污染之前采取措施，预防食品的污染和遭遇危害因素侵袭。

3. 第三层 食品可持续安全

这是从发展的角度要求食品的获取需要注重生态环境的良好保护和资源利用的可持续性。

食品质量主要有以下几个方面的要求。

①有营养价值；

②有较好的色、香、味和外观形状；

③无毒、无害，符合食品卫生质量要求。

二、食品污染以及其防制措施

食品污染是指食品受到有害物质的侵袭，致使食品的质量安全性、营养性或感官性状发生改变的过程。随着科学技术的不断发展，各种化学物质不断产生和应用，有害物质的种类和来源也进一步繁杂，食品污染大致可分为生物性污染、化学性污染及放射性污染三大类。

食物从生产、加工、运输、销售、烹调等各个环节，都可能受到环境中各种有害物质污染，以致降低食品营养价值和卫生质量，给人体健康带来不同程度的危害。食用被污染的食品导致机体损害，常表现为：（1）急性中毒、慢性中毒以及致畸、致癌、致突变的"三致"病变；（2）引起机体的慢性危害。

食品污染的主要防制措施如下。

①开展卫生宣传教育。

②食品生产经营单位要全面贯彻、执行食品卫生法律和国家卫生标准。

③食品卫生监督机构要加强食品卫生监督，把住食品生产、出厂、出售、出口、进口等卫生质量关。

④加强农药管理。

⑤要特别加强食品运输、贮存过程中的管理，防止各种食品意外污染事故的发生。

三、绿色食品、有机食品和无公害食品

绿色食品并非特指那些"绿颜色"的食品，而是指按照特定生产方式生产，经专门机构认定，许可使用绿色食品标志的无污染的安全、优质、营养类食品。它可以是蔬菜、水果，也可以是水产品、肉类。绿色食品分ＡＡ级和Ａ级。

1. 绿色食品

① AA 级绿色食品的标准要求

生产地的环境质量符合《绿色食品产地环境质量标准》，生产过程中不使用化学合成的农药、肥料、食品添加剂、饲料添加剂、兽药及有害于环境和人体健康的生产资料，而是通过使用有机肥、种植绿肥、作物轮作、生物或物理方法等技术，培肥土壤、控制病虫草害、保护或提高产品品质，从而保证产品质量符合绿色食品产品标准要求。

② A 级绿色食品标准要求

生产地的环境质量符合《绿色食品产地环境质量标准》，生产过程中严格按绿色食品生产资料使用准则和生产操作规程要求，限量使用限定的化学合成生产资料，并积极采用生物学技术和物理方法，保证产品质量符合绿色食品产品标准要求。

2. 有机食品

有机食品是一种国际通称，是指采取一种有机的耕作和加工方式，生产和加工的产品符合国际或国家有机食品要求和标准，并通过国家认证机构认证的一切农副产品及其加工品，包括粮食、蔬菜、水果、乳制品、禽畜产品、蜂蜜、水产品、调料等。

3. 无公害食品

无公害食品是按照无公害食品生产和技术标准要求生产的、符合通用卫生标准并经有关部门认定的安全食品。严格来讲，无公害食品是普通食品都应当达到的一种基本要求。

四、转基因食品

转基因食品是指利用现代分子生物学技术，移动生物的基因并加以改变，使目标生物出现原物种不具备的新特征，并以转基因生物为原料加工生产出的食品。根据原料的来源可以把转基因食品分为：动物源转基因食品、植物源转基因食品和微生物源转基因食品。

五、食品添加剂

　　根据《中华人民共和国食品安全法》的规定：食品添加剂是指"为了改善食品品质和色、香、味以及为防腐和加工工艺的需要而加入食品中的化学合成或者天然物质"。对食品添加剂，由于不正确的宣传，使人们产生不少误解，如有些食品的包装上醒目地写上"不含防腐剂"的字样，甚至有些电视广告也是这样宣传的。这里反映了人们对食品添加剂的认识问题，似乎不含添加剂的食品就是安全可靠的。事实上食品只有超高温杀菌并进行无菌包装或者做成罐头，这种方式加工的食品才可以不加防腐剂，而大多数加工食品中，如果不按规定加入适量的食品添加剂，甚至无法生产。其实，各种食品添加剂能否使用、使用范围和最大使用量各国都有严格规定，受法律制约，以保证安全使用。这些规定是建立在一整套科学严密的毒性评价基础上的，只要严格按照国家标准规定的添加量正确使用食品添加剂，对人体是不会造成危害的。

六、食品标签

　　食品标签，是指在食品包装容器上或附于食品包装容器上的一切附签、吊牌、文字、图形、符号说明等。标签的内容为：食品名称、配料表、净含量及固形物含量、厂名、批号、日期标志等。它是对食品质量特性、安全特性、食用、饮用说明的描述。

看食品标签要注意以下几个方面：①标签的内容是否齐全；②标签是否完整；③标签是否规范；④标签的内容是否真实。

七、食品安全标志

1. 我国的食品安全制度

自 2004 年 1 月 1 日起，我国首先在大米、食用植物油、小麦粉、酱油和醋五类食品行业中实行食品质量安全市场准入制度，对第二批食品，如肉制品、乳制品、方便食品、速冻食品、膨化食品、调味品、饮料、饼干、罐头实行市场准入制度。（说明："质量安全"的字样已经不再使用，使用"生产许可"来替代。）

《中华人民共和国工业产品生产许可证管理条例》适用范围：在中华人民共和国境内从事以销售为目的的食品生产加工经营活动（不包括进口食品）。包括以下 3 项具体制度。

（1）生产许可证制度

对符合食品生产条件的企业，发放食品生产许可证，准予生产获证范围内的产品；未取得食品生产许可证的企业不准生产食品。

（2）强制检验制度

未经检验或经检验不合格的食品不准出厂销售。

（3）市场准入标志制度

对实施食品生产许可证制度的食品，出厂前必须在其包装或者标识上加印（贴）市场准入标志——QS 标志，没有加印（贴）QS 标志的食品不准进入市场销售。

2. 新版食品生产许可证标志

　　企业食品生产许可证标志以"企业食品生产许可"的拼音"Qiyeshipin Shengchanxuke"的缩写"QS"表示，并标注"生产许可"中文字样。标志主色调为蓝色，字母"Q"与"生产许可"四个中文字样为蓝色，字母"S"为白色。

　　国家对食品生产经营实行许可制度。从事食品生产、食品流通、餐饮服务的企业，应当依法取得食品生产许可、食品流通许可、餐饮服务许可。企业食品生产许可证标志由食品生产加工企业自行加印（贴）。企业在使用企业食品生产许可证标志时，可根据需要按式样比例放大或者缩小，但不得变形、变色。

3. 无公害农产品标志

　　无公害农产品，这类产品生产过程中允许限量、限品种、限时间地使用人工合成的安全化学农药、兽药、渔药、肥料、饲料添加剂等，它保证人们对食品质量安全最基本的需要。其标志由农业部门认证，标志的使用期为3年。

　　无公害农产品标志，由麦穗、对勾和"无公害农产品"字样组成。麦穗代表农产品，对勾表示合格，金色寓意成熟和丰收，绿色象征环保和安全。无公害农产品能够把有毒有害物质控制在一定范围内，主要强调其安全性，是最基本最起码的市场准入标准，普通食品都应达到这一要求。

　　绿色食品标志是由绿色食品发展中心在国家工商行政管理总局商标局正式注册的质量证明标志。它由三部分构成，即上方的太阳、下方的叶片和中心的蓓蕾，象征自然生态；颜色为绿色，象征着生命、农业、环保；图形为正圆形，意为保护。AA级绿色食品标志与字体为绿色，底色为白色；A级绿色食品标志与字体为白色，底色为绿色。整个图形描绘了一幅明媚阳光照耀下的和谐生机，告诉人们绿色食品是出自纯净、良好生态环境的安全、无污染食品，能给人们带来蓬勃的生命力。

　　绿色食品标志还提醒人们要保护环境和防止污染，通过改善人与

环境的关系，创造自然界新的和谐。它注册在以食品为主的共九大类食品上，并扩展到肥料等绿色食品相关类产品上。绿色食品标志作为一种产品质量证明商标，其商标专用权受《中华人民共和国商标法》保护。标志使用是食品通过专门机构认证，许可企业依法使用。

5. 有机食品标志

有机食品的范围包括粮食、蔬菜、水果、乳制品、水产品、禽畜产品、调料等。这类食品在生产加工过程中不得使用人工合成的化肥、农药和添加剂，对生产环境和品质控制的要求非常严格，是更高标准的安全食品。目前，有机食品在我国产量还非常少。

6. 保健食品标志

正规的保健食品会在产品的外包装盒上标出蓝色的、形如"蓝帽子"的保健食品专用标志，下方会标注出该保健食品的批准文号，或者是"国食健字【年号】××××号"，或者是"卫食健字【年号】××××号"。其中"国"、"卫"表示由国家食品药品监督管理部门或中华人民共和国卫生部批准。

保健食品
卫食健字(1999)第081号
中华人民共和国卫生部批准

八、食品安全标准

食品安全标准包括如下内容。

①食品相关产品的致病性微生物、农药残留、兽药残留、重金属、污染物质以及其他危害人体健康物质的限量规定。

②食品添加剂的品种、使用范围、用量。

③专供婴幼儿的主辅食品的营养成分要求。

④对于营养有关的标签、标识、说明书的要求。

⑤与食品安全有关的质量要求。

⑥食品检验方法与规程。

⑦其他需要制定为食品安全标准的内容。

⑧食品中所有的添加剂必须详细列出。

⑨食品中禁止使用的非法添加的化学物质。

九、食品掺假、掺杂和伪造

1. 掺假

指食品中添加了廉价或没有营养价值的物品，或从食品中抽去了有营养的物质或替换进次等物质，从而降低了质量，如蜂蜜中加入转化糖，巧克力饼干加入了色素，全脂奶粉中抽掉脂肪等。

2. 掺杂

即在食品中加入一些杂物，如腐竹中加入硅酸钠或硼砂，辣椒粉中加入了红砖末等。

3. 伪造

指包装标识或产品说明与内容物不符。

掺假、掺杂、伪造的食品，一般应由工商行政部门处理。

对影响营养卫生的，应由卫生行政部门依法进行处理。

十、禁止生产经营的食品

禁止生产经营的食品包括下列类别。

①腐败变质、油脂酸败、霉变、生虫、污秽不洁、混有异物或者其他感官性状异常，可能对人体健康有害的。

②含有毒、有害物质或者被有毒、有害物质污染，可能对人体健康有害的。

③含有致病性寄生虫、微生物，或者微生物毒素含量超过国家限定标准的。

④未经卫生检验或者检验不合格的肉类及其制品。

⑤病死、毒死或者死因不明的禽、畜、兽、水产动物等及其制品。

⑥容器包装污秽不洁、严重破损或者运输工具不洁造成污染的。

⑦掺假、掺杂、伪造，影响营养、卫生的。

⑧用非食品原料加工的，加入非食品用化学物质的或者将非食品当作食品的。

⑨超过保质期限的。

⑩为防病等特殊需要，国务院卫生行政部门或者省、自治区、直辖市人民政府专门规定禁止出售的。

⑪含有未经过国务院卫生行政部门批准使用的添加剂的或者农药残留超过国家规定容许量的。

⑫其他不符合食品卫生标准和卫生要求的。

十一、八种常见的饮食卫生误区

1.好热闹喜聚餐

每当节假日，人们大多喜欢三三两两到餐馆"撮一顿"，或是亲朋好友在家聚餐，既热闹又便于交流感情。但是聚餐时有可能产生一些不利于健康的因素，因此聚餐时最好实行分餐制。分餐的做法是对别人和自己生命健康的负责和尊重。

2.用白纸或报纸包食物

有些人喜欢用白纸包食物，因为白纸看上去好像干干净净的。可事实上，白纸在生产过程中，会加入许多漂白剂及带有腐蚀作用的化工原料，纸浆虽然经过冲洗过滤，仍含有不少化学成分，会污染食物。至于用报纸来包食物，则更不可取，因为印刷报纸时，会用许多油墨，对人体危害极大。

3.用白酒消毒碗筷

一些人常用白酒来擦拭碗筷，以为这样可以达到消毒的目的。殊不知，医学上用于消毒的酒精度数为 75 度，而一般白酒的酒精度数多在 56 度以下，并且白酒毕竟不同于医用酒精。所以，用白酒擦拭碗筷，根本达不到消毒的目的。

4. 抹布清洗不及时

实验显示，在家里使用一周后的全新抹布，滋生的细菌数会让你大吃一惊；如果在餐馆或大排档，抹布的情况会更差。因此，在用抹布擦饭桌之前，应当先充分清洗。抹布每隔三四天应该用开水煮沸消毒一下，以避免因抹布使用不当而给人体健康带来危害。

5. 用卫生纸擦拭餐具或水果

实验证明，许多卫生纸（尤其是非正规厂家生产的卫生纸）消毒状况并不好，这些卫生纸因消毒不彻底而含有大量细菌；即使消毒较好，卫生纸也会在摆放的过程中被污染。因此，用普通的卫生纸擦拭碗筷或水果，不但不能将食物擦拭干净，反而会在擦拭的过程中，给食品带来更多的污染机会。

6. 用毛巾擦干餐具或水果

人们往往认为自来水是生水，不卫生，因此用自来水冲洗过餐具或水果之后，常常再用毛巾擦干。这样做看似卫生、细心，实则相反。其实，干毛巾上常常会存活着许多病菌。目前，我国城市自来水大都经过严格的消毒处理，所以说用洗洁剂和自来水彻底冲洗过的食品基本上是洁净的，可以放心食用，无需再用干毛巾擦拭。

7. 将变质食物煮沸后再吃

有些家长比较节俭，有时将轻微变质的食物经高温煮过后再吃，以为这样就可以彻底消灭细菌。医学实验证明，细菌在进入人体之前分泌的毒素，是非常耐高温的，不易被破坏分解。因此，这种用加热方法处理剩余食物是不可取的。

8. 把水果烂掉的部分削掉再吃

有些人吃水果时，习惯把水果烂掉的部分削了再吃，以为这样就比较卫生了。但是，微生物学专家认为：即使把水果上面已烂掉的部分削去，剩余的部分也已通过果汁传入了细菌的代谢物，甚至还有微生物开始繁殖，其中的霉菌可导致人体细胞突变而致癌。因此，水果只要是已经烂了一部分，就不宜吃，还是扔掉为好。

十二、青少年食品安全存在的问题

近年来，以青少年为主要消费对象的食品如雨后春笋般涌现，青少年食用正餐外的食品费用已成为家庭的重要开支项目之一，而且，这些食品在孩子们膳食中的比例越来越大。但由于大多数家长缺乏这方面的知识，因此，在青少年食品的消费中存在着一些问题，不能不引起人们的重视。

问题一：食品中的添加剂未引起高度重视。"三精"（糖精、香精、食用色精）在食品中的使用是有国家规定标准的，很多上柜台的食品也确实符合有关标准，但食之过量，会引起不少副作用。

问题二：三餐搭配不合理，早餐不吃夜加餐。很多青少年的三餐搭配不合理。不吃早餐；中餐简单对付；晚餐往往非常丰盛；还有人有吃夜宵的习惯。这种不健康的饮食习惯不但容易诱发消化系统疾病，还会增加肥胖以及多种慢性病的风险。

问题三：过分迷信"洋"食品。从有关部门的抽查结果可以看出，进口食品也并非100%完美。客观地讲，如今的国产食品，从质量和包装上来看，比前几年已有很大的进步，有不少已达到出口标准，因而家长在购买时不能迷信一个"洋"字。

问题四：用方便面代替正餐。方便面是在没有时间做饭时偶尔用来充饥的食品，其中以面粉为主，又经过高温油炸，蛋白质、维生素、矿物质均严重不足，营养价值较低，还常常存在脂肪氧化的问题，经常食用方便面会导致青少年营养不良。

问题五：营养滋补品食用过多。青少年生长发育所需要的热能、蛋白质、维生素和矿物质主要是通过一日三餐获得的。各种滋补营养品的摄入量本来就很小，其中对身体真正有益的成分仅是微量，有些甚至有副作用。

问题六：用乳酸菌饮料代替牛奶，用果汁饮料代替水果。现在，家长们受广告的影响，往往用"钙奶"、"果奶"之类的乳饮料代替牛奶，用果汁饮料代替水果给孩子增加营养。殊不知，两者之间有着天壤之别，饮料根本无法代替牛奶和水果带给孩子的营养和健康。

问题七：用甜饮料解渴，餐前必喝饮料。甜饮料中的含糖量达10%以上，饮后具有饱腹感，抑制青少年正餐时的食欲。若要解渴，最好饮用白开水，它不仅容易吸收，而且可以帮助身体排除废物，不增加肾脏的负担。

问题八：吃大量巧克力、甜食。甜味是人出生后本能喜爱的味道，其他味觉是后天形成的。如果一味沉溺于甜味之中，青少年的味觉将发育不良，无法感受天然食物的清淡滋味，甚至影响到大脑的发育。同时，甜食、冷饮中含有大量糖分，其出众的口感主要依赖于添加剂，而这类食品中维生素、矿物质含量低，会加剧营养不平衡的状况，引发青少年虚胖。

问题九：长期食用"精食"。长期进食精细食物，不仅会因减少B族维生素的摄入而影响神经系统发育，还有可能因为铬元素缺乏"株连"视力。铬含量不足会使胰岛素的活性减退，调节血糖的能力下降，致使食物中的糖分不能正常代谢而滞留于血液中，导致眼睛屈光度改变，最终造成近视。

问题十：过分偏食。青少年食物过敏者中大约30%是由偏食造成的。因为食物中的某些成分可使人体细胞发生中毒反应，长期偏食某种食物，会导致某些"毒性"成分在体内蓄积，当蓄积量达到或超过体内细胞的耐受量时，就会出现过敏症状。大量研究资料显示，不科学的饮食作为一个致病因素，对青少年健康的影响并不比细胞、病毒等病原微生物小。

十三、外出就餐打包食品的安全

快节奏的生活让很多忙碌的人们选择外出就餐，那么经常外出就餐的人们，应该掌握哪些基本的食品安全常识？

1.选择合适的餐馆

消费者在选择餐馆时，除了关注美味的饭菜、幽雅的环境以及良好的服务等因素外，首先应注重选择安全放心的餐馆就餐。具体注意以下两点。

一是选择有《餐饮服务许可证》的餐饮服务单位。《中华人民共和国食品安全法》施行前已经取得《食品卫生许可证》的，该许可证在有效期内有效。

二是选择信誉等级较高的餐饮单位。监管部门根据餐馆的基础设施和食品安全状况，评定A、B、C三个信誉度等级，三个级别相对应的食品安全信誉度依次递减、风险等级依次增加。为了以简洁、方便的方式向社会公布餐饮服务单位的食品安全监督信息，部分地区陆续推行餐饮服务单位监督公示制度。监管部门在餐饮服务单位经营场所醒目位置设置公示标识优秀、良好、一般三个等级，分别用大笑、微笑和平脸三种卡通形象表示。消费者应优先选择卫生状况良好的"笑脸"，尽可能避开卫生状况不佳的"苦脸"。

2. 注意不宜打包的食品

外出就餐时应根据人数点餐，不宜过多，尽量做到"光盘"行动，避免打包。首先，青菜不宜打包。因为青菜富含维生素，而维生素反复加热后会迅速流失。另外，青菜中的硝酸盐反复加热后，会生成含量较高的亚硝酸盐，对身体造成危害。其次，凉菜、色拉等不宜打包。因为凉菜在制作过程中没有经过加热，很容易滋生上细菌，同时凉菜也不易重新加热。打包的菜肴最好是适合重新加热的。

3. 恰当处理出现的食品安全问题

如果在就餐过程中发现食品有被污染、腐败变质、有毒有害等安全问题时，应保持食品状态，立即向餐饮单位提出。食品还没有食用，或没有造成影响健康的后果，可以通过协商解决问题。即使如此，也要注意保存证据（如保留食物，拍照，留存单据、发票等），如果发生食物中毒现象，要立即去医院就诊，并及时拨打"12331"向当地食品卫生监督管理部门反映。

十四、挑选外卖安全攻略

提示一：午餐外卖如何保障质量

当外卖送达时，应当场检查，如果发现外卖中有小虫子或其他异物时，先与外卖公司协商解决。协商不了时，应保存好相关消费凭据，及时向消费者协会或食品卫生监督管理部门反映。如果相关行政部门已经下班，还可以拨打"110"报警以取得有利于自己的证据。

提示二：送餐准时性如何承诺

如果对送餐的准时性要求高，最好选择那些有信誉的外卖。

提示三：营养搭配是否合理

营养专家表示，一般快餐的口味较重，因为放入了过多的盐分和油脂，而且绿色蔬菜量不足，缺乏维生素、纤维素，是不平衡的膳食。

如果每天都吃这样的外卖，会摄入过多的热量导致肥胖，还很可能引起高血压、糖尿病、高血脂等病症。专家建议餐食应该荤素搭配，多吃些鱼、鸡肉和豆制品等蛋白质丰富的食品，还要吃饱主食。在吃过外卖半小时后可再吃一些水果，补充维生素。

提示四：明码标价需要规范

目前，我国没有专门针对快餐盒饭业的法律法规，消费者需要理性消费，争取消费者应享有的权益，选择诚信的快餐店。

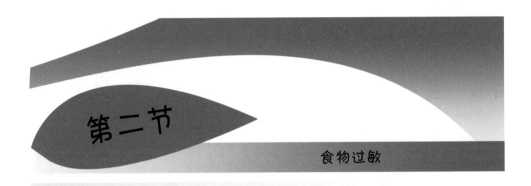

第二节

食物过敏

一、引起食物过敏的食物

食物的种类成千上万，其中只有一部分容易引起过敏。同族的食物常具有类似的致敏性，尤以植物性食品更为明显，如对花生过敏的人对其他豆科类植物也会有不同程度的过敏症状。各国家、各地区的人们的饮食习惯不同，机体对食物的适应性也就有相应的差异，因而致敏的食物也不同。比如西方人认为羊肉极少引起过敏，但在我国羊肉比猪肉的致敏性高；西方人对巧克力、草莓、无花果等过敏较多，在我国则极少见到。根据外国的资料显示，易引起过敏的食物为乳制品、鸡蛋、巧克力、小麦、玉米、坚果、花生、橘子、柠檬、草莓、洋葱、猪肉，某些海产品及鱼类、蛤蚌、火鸡及鸡等。在我国容易引起过敏的食物有以下几类。

①富含蛋白质的食物，如乳制品、鸡蛋。

②水产类，如鱼、虾、蟹、贝类、海带。

③有特殊气味的食物，如洋葱、蒜、葱、韭菜、香菜、羊肉。

④有刺激性的食物，如辣椒、胡椒、酒、芥末、姜。

⑤某些可生食的食物，如番茄、生花生、生栗子、生核桃、桃、葡萄、柿子等。

⑥某些富含细菌的食物，如死的鱼、虾、蟹，不新鲜的肉类。

⑦某些含有真菌的食物，如蘑菇、酒糟、米醋。

⑧富含蛋白质且不易消化的食物，如蛤蚌类、鱿鱼、乌贼。

⑨种子类食物，如各种豆类、花生、芝麻。

⑩一些外来且不常吃的食物。

二、常见食物过敏的症状

如果已知对某种物质过敏，但却出现下列从未经历过的症状，应尽快看医生，这有可能是过敏并发症的征兆。

粉刺，尤其是长在下巴或嘴巴附近的青春痘；关节炎；失眠；哮喘；小肠毛病；结肠炎；体重过重；忧郁症；疲倦；溃疡；头痛。除了这些症状，医生在检查你是否有过敏症时，还应该找找是否有下列症状，贫血及脸色苍白、遗尿症、脸颊出现红圈圈（好像涂腮红，此症也发生于孩子上）、重复的感冒（发生于孩子）、结膜炎、眼睛疼痛、流泪和发痒、头晕脑涨、对光线敏感、严重流口水、下痢、周期性的视线模糊、鼻塞或流鼻水、重复的耳朵感染、流质滞留体内、耳鸣、听力丧失、不寻常的体臭、过度好动、体内 pH 值不是过酸就是过碱、各种疾病的复发、有各种恐惧症、学习障碍、记忆力及注意力差、手指肿大，双手发冷、严重的月经失调、急速的体重增加、肌肉不协调。

食物过敏的症状通常是慢慢产生的，但有些人在吃过某种食物后会立即产生反应。在大部分的病例中，禁食那些过敏症食物 60～90 天后，这些食物能再引回饮食中而没有任何不良反应。

三、食物过敏的自我测试

　　假如怀疑自己对某种食物过敏，一种简单的测试能帮助你。在吃过你觉得有问题的食物之后，记录你的脉搏，如此能了解自己是否正值过敏反应。用一只手拿表，坐下来休息数分钟。当你完全放松自己后，测量手腕的脉搏，数数看 60 秒内脉搏跳动的次数。正常的脉搏是每分钟跳 52 ～ 70 次。之后，吃下你怀疑会引起过敏的食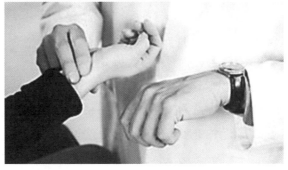物，等 15 ～ 20 分钟后，再量一下脉搏。假如你的脉搏（每分钟）跳动增加 10 次以上，要禁吃此种食物一个月，然后再作测试。

四、食物过敏的治疗

1.避免疗法

　　避免疗法即完全不摄入含致敏物质的食物，这是预防食物过敏最有效的方法。也就是说在经过临床诊断或根据病史已经明确判断出过敏原后，应当完全避免再次摄入此种过敏原食物。比如对牛奶过敏的人，就应该避免食用含牛奶的一切食物，如添加了牛奶成分的雪糕、冰激凌、蛋糕等。

2.对食品进行加工

　　通过对食品进行深加工，可以去除、破坏或者减少食物中过敏原的含量，比如可以通过加热的方法破坏生食品中的过敏原，也可以通过添加某种成分改善食品的理化性质、物质成分，从而达到去除过敏原的目的。在这方面，大家最容易理解、也最常见的就是酸奶。牛奶中加入乳酸菌，分解了其中的乳糖，从而使对乳糖过敏的人不再是禁忌。

3. 替代疗法

简单地说就是不吃含有过敏原的食物，用不含过敏原的食物代替。比如说对牛奶过敏的人可以用羊奶、豆浆代替等。

4. 脱敏疗法

脱敏疗法主要就是针对某些易感人群希望经常食用营养价值高的食品。在这种情况下，可以采用脱敏疗法。具体步骤是：首先将含有过敏原的食物稀释1000～10000倍，然后吃一份，也就是说首先吃含有过敏原食物的千分之一或万分之一，如果没有症状发生，则可以逐日或者逐周增加食用量。

五、食物过敏的预防

红酒有助预防食物过敏

某些人的身体免疫机制会对鸡蛋、小麦和牛奶等食物产生过敏反应，情况严重的会导致休克甚至死亡。日本研究人员在动物实验中发现，红葡萄酒中含量丰富的白藜芦醇能够预防这种食物过敏。

日本山梨大学教授中尾笃人和奥田彻等人，让一组实验鼠食用掺有0.01%白藜芦醇的食物，另一组则食用正常食物。一个月后，他们通过人工操作，使两组实验鼠的免疫系统都对鸡蛋过敏。结果发现，在摄取了白藜芦醇的实验鼠体内，将鸡蛋作为异物的特定抗体生产受到遏制，没有出现休克症状；食用正常食物的一组则出现了休克症状。

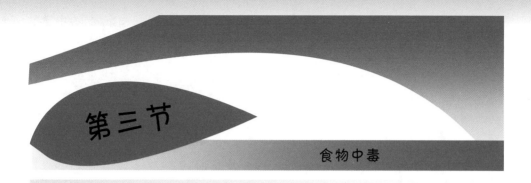

第三节

食物中毒

食物中毒是指患者所进食物被细菌或细菌毒素污染，或食物含有毒素而引起的急性中毒性疾病。根据病因不同可有不同的临床表现。

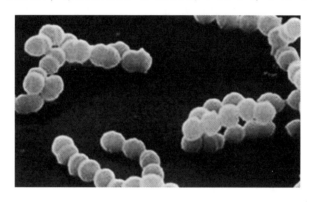

一、食物中毒的症状

虽然食物中毒的原因不同，症状各异，但一般都具有如下流行病学和临床特征。

①潜伏期短，一般由几分钟到几小时，食入"有毒食物"后于短时间内几乎同时出现一批病人，来势凶猛，很快形成高峰，呈爆发趋势。

②病人临床表现相似，且多以急性胃肠道症状为主。

③发病与食入某种食物有关。病人在近期同一段时间内都食用过同一种"有毒食物"，发病范围与食物分布呈一致性，不食者不发病，停止食用该种食物后很快不再有新病例。

④人与人之间一般不传染。发病曲线呈骤升骤降的趋势，没有传染病流行时发病曲线的余波。

⑤有明显的季节性。夏秋季多发生细菌性和有毒动植物食物中毒；冬春季多发生肉毒中毒和亚硝酸盐中毒等。

二、导致食物中毒的原因

①冷藏方法不正确，如将煮熟的食物长时间存放于室温下冷却，把大块食物贮存于冰柜中，或冷藏温度不够。

②从烹调到食用的间隔时间太长，使细菌有足够的繁殖时间。

③烹调或加热方法不正确，加热不彻底，食物中心温度低于70℃。

④由病原携带者或感染者加工食品。

⑤使用受污染的生食品或原辅料。

⑥生熟食品交叉污染。

⑦在室温条件下解冻食物。

⑧厨房设备、餐具清洗、消毒方法不正确。

⑨使用了来源不安全的食物。

⑩加工制备后的食物受污染。

三、食物中毒的家庭急救

1. 催吐

如果进食的时间在1～2小时前，可使用催吐的方法。立即取食盐20克，加开水200毫升，冷却后一次喝下。如果无效，可多喝几次，迅速促使呕吐。亦可用鲜姜100克，捣碎取汁用200毫升温水冲服。如果吃下去的是变质的食物，则可服用十滴水来促使迅速呕吐。

2. 导泻

如果病人进食受污染的食物时间已超过2～3小时，但精神仍较好，则可服用泻药，促使受污染的食物尽快排出体外。一般用大黄30克一次煎服，老年患者可选用元明粉20克，用开水冲服，即可缓泻。体质较好的老年人，也可采用番泻叶15克，一次煎服或用开水冲服，也能达到导泻的目的。

3. 解毒

如果是吃了变质的鱼、虾、蟹等引起食物中毒，可取食醋100毫升，加水200毫升，稀释后一次服下。此外，还可采用紫苏30克、生甘草10克一次煎服。若是误食了变质的防腐剂或饮料，最好的急救方法是用鲜牛奶或其他含蛋白质的饮料灌服。

如果经上述急救，症状未见好转或中毒较重者，应尽快送医院治疗。在治疗过程中，要给病人以良好的护理，尽量使其安静，避免精神紧张；病人应注意休息，防止受凉，同时补充足量的淡盐开水。控制食物中毒关键在预防，搞好饮食卫生，严把"病从口入"关。

四、如何预防食物中毒

1. 细菌性食物中毒的预防

①禁止食用腐败变质以及病死、毒死和死因不明的畜禽肉类。

②对肉食品类要严格做到防蝇、防尘，工具要专用，生熟要分开。

③杀灭病原菌，做到熟肉过夜要回锅加热。剩饭、剩菜食用前一定要彻底加热。

④凡是接触过生肉和生动物内脏的容器、用具等要及时洗净消毒，严格做到生熟分开，防止交叉感染。

⑤低温冷藏生肉、熟食及其他动物性食品，都要放在10℃以下的冷藏室里。如果没有冷藏设备，应尽量把食品放在阴凉通风处，存放的时间不宜过长。

⑥防止动物性食品被人群中带菌者及带菌的动物、污水、容器和用具等污染。

⑦严禁海产品与其他熟食品混杂，防止海产品污染其他食品。

⑧生吃食品、凉拌菜、咸菜时，应先用食醋处理。

2. 植物性食物中毒的预防

（1）毒蘑菇中毒的预防

蘑菇的品种很多，有的可以食用，且味道鲜美，营养丰富。而有的含有毒素，容易引起中毒。具体预防措施如下。

①对无法识别或过去没有食用过的蘑菇，必须经有关部门鉴定，确认无毒后方可食用。

②掌握毒蘑菇的特征，不食毒蘑菇。毒蘑菇的盖色泽美丽，或呈黏土色；蘑菇柄上有毒环；大多生长在腐殖物或粪土上，破碎后颜色与原先大不一样；用水煮时可使银器、大蒜和米饭变黑。

（2）发芽、变绿的土豆中毒的预防

土豆在高温、潮湿或光照下可以发芽或变绿，人食用发芽或变绿的土豆后会引起中毒。具体预防措施如下。

①妥善保管，防止土豆发芽、变绿。土豆应放在干燥、阴凉处，避免日光照射。防止发芽或表皮变绿，防止腐烂。

②严格处理，不食用有毒部分。应将芽和芽根及变绿的部分切除，用冷水浸泡30～40分钟后再烹制。食用时如有口麻、痒感，应停止食用。

（3）四季豆中毒的预防

四季豆中毒与四季豆的品种、产地、季节和烹调方法有关，常因食用贮藏时间过久、烹制未熟透的菜豆而引起。四季豆中毒一般发生在9～10月。具体预防措施如下。

①烹制四季豆前，应先将四季豆放入清水中浸泡或将其放入开水中烫泡10分钟，捞出后再烹制食用。

②烹制时要烧熟、煮透。

（4）鲜黄花菜中毒的预防

如果食用没有经过处理的鲜黄花菜，可引起中毒。具体预防措施如下。

①不吃腐败变质的鲜黄花菜，最好食用干黄花菜。

②食用鲜黄花菜时应先去掉长柄，用开水焯一下，再用冷水浸泡，然后再和其他菜或肉食搭配烹制。不要单独炒食黄花菜，并且要控制摄入量。

③制作黄花菜时必须彻底加热。

（5）苦杏仁中毒的预防

苦杏仁食用不当往往会引起中毒。具体预防措施如下。

①不要生吃苦杏仁，特别是青少年不要生吃。

②食用杏仁时必须煮熟。

3.动物性食物中毒的预防

（1）河豚鱼中毒的预防

河豚鱼肉一般无毒，但河豚的卵巢、鱼卵、肝脏、皮肤、血液等含有河豚毒素和河豚酸等剧毒，可以使人中毒甚至导致死亡。预防措施是尽量不吃河豚鱼。

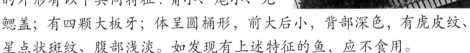

河豚鱼常见的有10多种类型，它们的外形有以下共同特征：嘴小、尾小、无鳃盖；有四颗大板牙；体呈圆桶形，前大后小，背部深色，有虎皮纹、星点状斑纹、腹部浅淡。如发现有上述特征的鱼，应不食用。

（2）鱼类组胺中毒的预防

青皮红肉的鱼类往往会引起鱼类组胺中毒，如金枪鱼、沙丁鱼等。同时不新鲜和腐败的鱼也可能会引起鱼类组胺中毒。食用此类鱼应做到以下几点。

①讲究烹调方法。烹制青皮红肉鱼类前要先用水浸泡。

②不吃腐败变质的鱼。

4. 化学性食物中毒的预防

（1）砷中毒的预防

砷俗称砒霜，有剧毒。预防砷中毒的措施如下。

①药物与食物应严格分开存放，以免误食。

②不得用盛装过砷的器具装盛食物。

③禁止用加工粮食的碾磨碾农药，严禁食用农药毒死的牲畜和家禽。

（2）锌中毒的预防

各种食物中普遍存在着微量的锌，通常不会引起食物中毒。但如果镀锌容器或工具与有机酸和酸性食品长期接触，使锌溶解于食品中，人食用后就可引起中毒。

预防锌中毒的措施主要是：禁止用镀锌容器盛装饮料和食品，特别是酸性食品。

（3）铅中毒的预防

盛装食品的很多器皿(如搪瓷、陶器等)都含有一定的铅。因此食品容易被铅污染，引起中毒。预防措施主要有以下几点。

①避免用挂釉的陶器盛装食醋和酸性较高的食物。

②避免使用含铅器皿来盛装其他食物。

（4）铜中毒的预防

在日常生活中，若用铜锅熬煮食品或用铜器盛装食品，往往会引起铜中毒。因此，禁止用铜锅熬煮食品或用铜器盛装食品。

（5）亚硝酸盐中毒的预防

腐烂变质的蔬菜、在高温下存放时间过长的菜肴、刚刚腌制的菜等往往含有大量的亚硝酸盐，食用这些食物可引起亚硝酸盐中毒。具体预防措施如下。

①新鲜蔬菜要注意保鲜，存放在干燥、通风和阴凉处，避免在高温下长时间存放。

②不食用腐烂变质的蔬菜。

③烹调好的菜肴不要在高温下长时间存放，并注意保持容器和环境卫生，防止微生物污染。

第四章
掌握必要的紧急救护方法

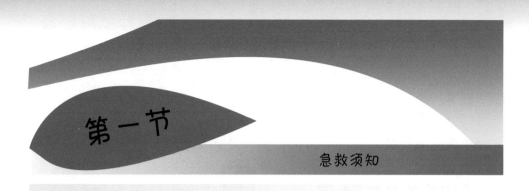

第一节

急救须知

一、打急救电话

我国各地的急救电话号码统一规定为"120"（有的地区也可拨"999"）。

打"120"报警电话的要点：

①报告病人的姓名、性别、年龄，确切地址、联系电话；

②报告病人患病或受伤的时间，目前的主要症状和现场采取的初步的急救措施；

③报告病人最突出、最典型的发病表现；

④报告过去得过什么疾病以及服药情况；

⑤报告具体的候车地点，以及附近具有标志的建筑或场所。

二、配备家庭急救箱

　　家里配备一个急救箱，放一些必要的急救用具和药品，有助于及时救护突发伤病的人。

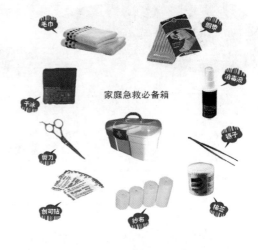

家庭急救必备箱

　　急救箱可放置以下物品：

　　①消毒好的纱布，绷带，胶布，脱脂棉，三角巾；

　　②体温计、医用的镊子和剪刀；

　　③酒精、龙胆紫液（紫药水）、汞溴红溶液（红药水）、碘酒、烫伤膏、止痒清凉油、伤湿止痛膏；

　　④内服药大致可配置解热、止痛、止泻、防晕车和助消化等（可根据家人的健康状况和家庭条件配备其他药物和用品）。

三、止血法

　　(1) 较小或较表浅的伤口

　　应先用冷开水或洁净的自来水冲洗，但不要去除已凝结的血块。

　　(2) 伤口处有玻璃片、小刀等异物插入

　　千万不要去触动、压迫和拔出，可将两侧创缘挤拢，用消毒纱布、绷带包裹后，立即去医院处理。

　　(3) 碰撞、击打的损伤

　　有皮下出血、肿痛，可在伤处覆盖消毒纱布或干净毛巾，用冰袋冷敷半个小时，再加压包扎，以减轻疼痛和肿胀。伤势严重者，应去医院就诊。

（4）伤口有出血

先用干净的水冲洗，之后可用干净毛巾或消毒纱布覆盖伤处，压10～20分钟止血，然后用绷带加压包扎，以不再出血为度，视情况去医院处理。

消毒纱布

四、心肺复苏

猝死、溺水、触电、窒息、失血过多时，常会造成心脏停跳。心跳、呼吸骤停的急救，简称心肺复苏。心肺复苏的主要方法包括人工呼吸和胸外心脏按压。心肺复苏是一套完整的抢救方法，若要正确运用，需要经过专门的培训，才能掌握必要的技能。

1. 人工呼吸

人工呼吸——口对口吹气法

①病人取仰卧位，即胸腹朝天。

②首先清理病人呼吸道，保持呼吸道清洁。

③使病人头部尽量后仰，以保持呼吸道畅通。

④救护人站在其头部一侧，自己深吸一口气，对着伤病人的口（两嘴要对紧不要漏气）将气吹入，造成吸气；为使空气不从鼻孔漏出，此时可用一手将其鼻孔捏住，然后救护人嘴离开，将捏住的鼻孔放开，并用一手压其胸部，以帮助呼气。这样反复进行，每分钟进行14～16次。

2.胸外心脏按压

①将病人平卧，解开衣领，用仰头抬颌法使气道开放，救护人在病人左侧。

②按压部位为胸骨中段1/3与下段1/3交界处。

③以左手掌根部紧贴按压区，右手掌根重叠放在左手背上，使全部手指脱离胸壁。

④抢救者双臂应伸直，双肩在病人胸部正上方，垂直向下用力按压。按压要平稳，有规则，不能间断，不能冲击猛压，下压与放松的时间大致相等。

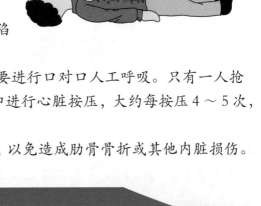

⑤按压次数：成年人每分钟60～100次。

⑥按压深度：成年人胸骨下陷3～5厘米。

⑦在进行胸部按压的同时，要进行口对口人工呼吸。只有一人抢救时，可先口对口吹气，然后立即进行心脏按压，大约每按压4～5次，对口呼气一次。

⑧心脏按压用的力不能过猛，以免造成肋骨骨折或其他内脏损伤。

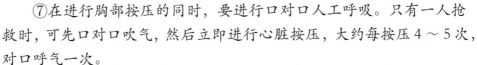

第二节

意外伤害急救

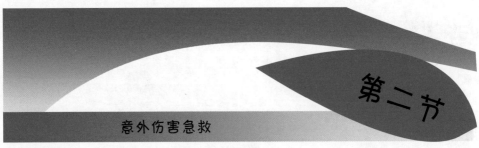

一、烧烫伤

烧烫伤是日常生活中常见的意外，由热能引起，可造成局部组织损伤、皮肤功能障碍、体液丢失、细菌感染等，严重者可危及生命。

烧伤对人体组织的损伤程度一般分为三度。

（1）Ⅰ度烧伤

表现为轻度红、肿、痛、热，感觉过敏。表面干燥无水泡。

（2）Ⅱ度烧伤

分为浅Ⅱ度烧伤和深Ⅱ度烧伤。浅Ⅱ度表现为剧痛、感觉过敏、有水泡，泡皮剥脱后，可见创面均匀发红，水肿明显。深Ⅱ度表现为感觉迟钝，有或无水泡，基底苍白，间有红色斑点，创面潮湿。

（3）Ⅲ度烧伤

表现为皮肤疼痛消失，无弹性，干燥无水泡，皮肤呈皮革状、蜡状、焦黄或炭化，严重时可伤及肌肉、神经、血管、骨骼和内脏。

1.急救方法

①脱离热源，如现场有危险，应迅速转移伤者，如衣服着火应迅速扑灭。

②用冷清水冲洗20分钟或至无疼痛感觉时。

③轻轻擦干伤口，用纱布遮盖，保护伤口。

④严重烧伤，迅速拨打急救电话，送医院。

2.不当做法

①不能采用冰敷的方式治疗烫伤，因为冰会损伤已经破损的皮肤，导致伤口恶化。

②不要弄破水泡，否则会留下疤痕。

③不随便将抗生素药膏或油脂涂抹在伤口处，这些黏糊糊的物质很容易沾染脏东西。

3. 注意事项

Ⅲ度烫伤、触电灼伤以及被化学品烧伤必须到医院就医。另外，如果病人出现咳嗽、眼睛流泪或者呼吸困难，则需要专业医生的帮助。Ⅱ度烫伤如果创面大于手掌，病人也应去医院，专业的处理方式可以避免留下疤痕。

二、溺水

溺水，在现实生活中是最常发生的急症，但往往现场抢救效果不佳，这和急救成功关键问题的认知直接相关。溺水后由于大量水或水中异物同时灌入呼吸道及吞入胃中，水充满呼吸道和肺泡，引起喉、气管痉挛，声门关闭及水中污物、水草堵塞呼吸道，导致肺通气、换气功能障碍，引起窒息甚至心跳骤停，以致死亡。溺水的急救措施如下。

1. 排水

倒立法，抱住溺水者双腿，向上提起；伏膝法，抢救者单腿跪地，将溺水者腹部置于自己的另一条腿上，扶住其头，反复拍打背部，使其吐水。

2. 排除口腔异物

仰卧时，将溺水者头部偏向一侧，以防异物堵塞气管；在昏迷状态下，舌根后坠易堵塞气管，应将头偏向一侧；观察口腔，用手清除溺水者口腔异物。

3. 心肺复苏

接着对溺水者进行心肺复苏。具体做法见前文详细介绍。

4. 护理

完成上述步骤后，用毛巾为溺水者擦拭身体、穿衣或裹毛巾被保温、按摩四肢促进血液循环。将溺水者送进医院，接受进一步的检查、治疗。

三、一氧化碳中毒

一氧化碳俗称煤气，为无色、无臭、无味、无刺激性的气体。在日常生活中，家庭用火、取暖、洗浴时缺乏预防措施，是导致一氧化碳中毒的主要原因。一氧化碳中毒时，中毒者最初的感觉为头痛、头昏、恶心、呕吐、软弱无力，大部分中毒者迅速发生痉挛、昏迷，两颊、前胸皮肤及口唇呈樱桃红色，如救治不及时，可很快因呼吸抑制死亡。

急救措施

①立即打开门窗，将中毒者移至通风良好、空气新鲜的地方，并注意保暖。

②马上拨打急救或报警电话，说清中毒者所处地址，以便急救人员尽快赶到。

③在医务人员未到来之前，要让中毒者保持侧卧姿势，因为煤气中毒的中毒人往往会发生呕吐，一旦呕吐容易造成窒息，发生危险。

④松解中毒者衣扣，让其保持呼吸道通畅，清除口鼻分泌物。

⑤如发现中毒者呼吸骤停，应立即进行口对口人工呼吸，并进行胸外心脏按压。

四、有机磷中毒

使用含有有机磷的农药（如敌敌畏），或吸入毒气沙林，以及喷洒农药时皮肤接触和呼吸道吸入农药，都可引起有机磷中毒。中毒者可出现头晕、呕吐、肌肉抽搐、流口水、出大汗，甚至大小便失禁、昏迷、瞳孔缩小等症状，呼出的气体和呕吐物有大蒜臭味。

急救措施

①通过呼吸道吸入者，应立即离开现场，移至有新鲜、流通的空气的地方，有条件者可吸入氧气。

②如为皮肤黏膜沾染，应立即脱去衣服，并用肥皂或其他碱性溶液充分洗净。

③如毒物已经消化道进入者，应立即用碱性溶液（小苏打水、淡肥皂水）洗胃、催吐等。

④如中毒者昏迷，可将其摆放成侧卧位，以保持呼吸道通畅，并尽快呼叫救护车送医院就诊。

第三节

疾病急救

一、中暑

中暑是指在高温和热辐射的长时间作用下，机体出现体温调节障碍，水、电解质代谢紊乱及神经系统功能损害等症状的总称。

1. 症状

可出现皮肤苍白、心慌、恶心、呕吐等症状，如果不及时处理，还会出现高热、抽搐、昏迷等严重后果。

2. 急救措施

轻者要迅速到阴凉通风处仰卧休息，解开衣扣、腰带，敞开上衣，可用冷水毛巾擦身，敷头部，喝一些淡盐水或清凉饮料。

如意识丧失，痉挛剧烈，应让病人取昏迷体位（侧卧，头向后仰），保证呼吸道畅通，并尽快呼叫救护车送医院就诊。

二、心绞痛

心绞痛是冠心病引起的一个急性发作症状，由于冠状动脉粥样硬化使心肌血管变窄、血流量减少，此时，若再遇到劳累、运动、情绪激动、紧张、用力排便等加重心脏负担的情况，常可诱发心绞痛。

特点为阵发性前胸压榨性疼痛感觉，可伴有其他症状，疼痛主要位于胸骨后部，可放射至心前区与左上肢，常发生于劳动或情绪激动时，每次发作 3 ～ 5 分钟，可数日一次，也可一日数次，休息或服用硝酸酯类药物后消失。

急救措施

①立即停止一切活动，平静心情，就地采取坐位、半卧位或卧位休息。

②舌下含服硝酸甘油一片。血压低者不能服用硝酸甘油。

③疼痛缓解后，继续休息一段时间后再活动。

④如果疼痛持续不缓解，应及时呼叫救护车送医院就诊。

三、发烧

1. 救治方法

①用稍凉的毛巾（约25℃）在额头、脸上擦拭。

②将衣物脱下，用温水（37℃左右）泡澡，可使皮肤的血管扩张，体热散出。每次泡澡10～15分钟，4～6小时一次。

③体温38℃以上者，可使用冷水枕，以利用较低的温度作局部散热。

④用温水加上70%的酒精，以1：1的比例稀释，稀释后的水温为37～40℃，再擦拭四肢及背部。

2. 注意事项

①卧床休息：发烧时请卧床休息，以利于恢复体力，早日康复。

②补充水分：发烧时体内水分的流失会加快，因此宜多饮用开水、果汁、不含酒精或咖啡因的饮料。

③少穿衣服：避免穿过多的衣服或盖厚重的棉被，因为这会使身体不易散热，加重发烧的不适。

④定期服药：遵照医生嘱咐，定时定量服用药物。

四、晕厥

晕厥（又称错腋）是大脑临时性缺血、缺氧引起的短暂的意识丧失。

1. 症状

晕厥常表现为突然意识丧失、摔倒、面色苍白、四肢发凉，无抽搐及舌咬破和尿失禁。晕厥常有悲哀、恐惧、焦虑、晕针、见血、创伤、剧痛、闷热、疲劳等诱发因素；排尿、排便、咳嗽、失血、脱水也可为诱发因素；应了解发作时的体位和姿势，由卧位转为立位时可发生直立性低血压晕厥，颈动脉窦过敏性晕厥多发生于头部突然转动时。

2. 救治方法

①让病人头低脚高躺下。

②解开病人衣领、裤带。

③注意保暖和安静。

④用拇指、食指捏压病人合谷穴（手之虎口处）；还可用拇指掐或针刺人中穴。

⑤出现心跳骤停，应立即在其左前胸猛击一拳，并进行人工呼吸及胸外心脏按压。

⑥病人意识恢复后，可喂服少量水或茶。

⑦经初步处理后送医院治疗。

五、呼吸道异物堵塞

呼吸道异物堵塞是耳鼻喉科常见急症之一。多发生于儿童，1～3岁占多数，若对某些异物误诊失治，将产生严重并发症，甚至危及生命，必须特别重视。

异物进入气管、支气管后非常危险，或可突然死亡，或可因诊断不及时，拖延了治疗时间，导致支气管炎、支气管扩张、肺气肿、肺不张、肺炎、肺脓肿等严重症状。

1. 急救类型

①如果病人呼吸尚可，能说话、咳嗽，尽量鼓励其咳嗽，并让其弯腰，可协助拍打病人背部。

②如果病人不能说话、咳嗽，呼吸比较困难，但神志清楚，可采用腹部冲击法。

③如果病人是孕妇或肥胖者不适宜用腹部冲击法，可挤压病人胸骨下半段，即胸部冲击法。

④婴儿可用背部叩击法。

⑤如果病人神志不清楚或窒息昏迷倒地，无法站立，可用仰卧位腹部冲击法。

⑥如果病人出现昏迷，要将其摆放成仰卧位，并紧急拨打急救电话。

2. 急救方法

(1) 自救腹部冲击法

自己一手握空心拳，拳眼置于脐上二横指处，另一手紧握此拳，快速向内、向上，有节奏地冲击5～6次，至异物排除。也可将自己脐上二横指处压在椅背、桌边、床栏杆等硬物处，连续向内、向上冲击5～6次，至异物排出。

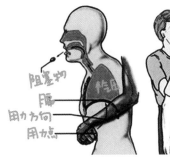
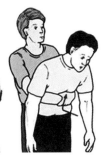

阻塞物
膈
用力方向
用力点

(2) 互救腹部冲击法

握空心拳，拳眼置于病人脐上二横指处，另一手紧握此拳，快速有力、有节奏地向内向上冲击5～6次，反复操作至异物排出。

(3) 仰卧位腹部冲击法

先进行口对口吹气两次，如果无效，救护人骑跨在病人两大腿外侧，一手掌根平放于脐上二横指处，另一掌根与之重叠，两手合力，向内向上冲击5～6次，反复操作，至异物排出。

(4) 背部叩击法

将婴儿身体置于救护人一侧的前臂上，使之头低脚高，一手掌将婴儿的后颈部固定，另一手固定婴儿双侧下颌角，使婴儿头部轻度后仰，打开气道。两手及前臂将婴儿固定，翻转为俯卧位，用掌根向内上方叩击婴儿两肩胛骨之间4～6次。

(5) 胸部冲击法

方法如互救腹部冲击法，主要针对孕妇或肥胖者使用，不同的是冲击部位在胸骨中部。

六、中风

中风，也称脑卒中，以猝然昏倒，不省人事，伴发口眼歪斜、语言不利、半身不遂或无昏倒而突然出现半身不遂为主要症状的一类疾病。特点：发病率高，死亡率高，致残率高，复发率高，并发症多。

急救措施

①保持安静，如果病人是清醒状态，要注意安慰病人，缓解其紧张情绪。不要摇晃病人，尽量少移动病人，尽快呼叫救护车。

②保持呼吸道通畅，应使病人仰卧，头肩部稍垫高，头偏向一侧，防止痰液或呕吐物阻塞气道。

③应设法抠出阻塞物，保持病人的呼吸道通畅。解开病人衣物，如有假牙也应取出。

④起病时禁止喂药、进食、喝水。

运动急救

第四节

一、扭伤

因关节活动过度，超过正常范围，使周围的筋膜、肌肉、肌腱等受强力牵拉，发生损伤或撕裂，称扭伤。常表现为：痛、肿及皮肤青紫、关节不能转动等。

急救措施

①立即停止活动；

②冷敷受伤部位，可用冰或水；

③早期（一般为48小时内）不宜热敷及推拿按摩；

④送医院进一步检查（有无骨折等）和治疗。

二、骨折

跌伤、摔伤等有时可造成骨折。骨折发生后，尤其是合并有严重创伤的骨折，必须得到及时、有效的专业救护。

1. 止血

对开放性骨折，出现大出血者，应及时进行止血，可根据具体情况，应用压迫、加压包扎或止血带等方法。

2. 保护伤口

伤口表面有明显异物可以取掉，然后用清洁的布类覆盖包扎伤口。对外露的骨折端，不要还纳，以免将污染物带入深层，但要进行保护性包扎。

3. 伤肢固定

伤肢及时固定，可减轻疼痛，避免造成对神经、血管的损伤。固定材料可就地取材，使用木板、树枝等，如无物可用，可将受伤的上肢固定于胸壁，下肢固定于健侧。

一、打嗝

吸入凉气或由于其他因素，人可能会打嗝不止。

急救措施

①尽量屏气，有时可止住打嗝。

②让打嗝者饮少量水，并且要在打嗝的同时咽下。

③婴儿打嗝时，可将婴儿抱起，用指尖在婴儿的嘴边或耳边轻轻搔痒，一般至婴儿发出笑声，打嗝即可停止。

④如打嗝难以止住，尚无特殊不适，也可任其自然，一般过一会儿就会自动停止。如果长时间连续打嗝，要请医生诊治。中老年人或生病者突然打嗝连续不断，可能提示有疾患或病情恶化，需引起注意。

二、甲鱼咬手指

手指如被甲鱼咬住，应保持镇静，切忌惊慌，不能甩手或硬拽，这样甲鱼反而会越咬越紧，甚至头缩进壳内。

急救措施

①将甲鱼轻轻浸入水中，甲鱼即自动松嘴。或用头发丝、细草插入甲鱼头部两侧的小孔（此处是其耳部，非常敏感），也能立即奏效。

②摆脱甲鱼后，被咬伤处可用75%酒精或汞溴红（红药水）擦洗。

③如手指被咬破，应速去医院进一步处理。

三、脚踩铁钉

脚被铁钉刺进后，首先需立即把钉子完全拔出，然后进行下述应急处理。

急救措施

①拔出钉子后，应挤出一些血，因为钉子常扎得很深，伤口容易被细菌感染。

②去除伤口上的污泥、铁锈等物，用纱布简单包扎后，速去医院进一步诊治。因为此时最易患破伤风，需速去医院注射破伤风抗毒素。

③踩到细铁钉或铁针，如铁钉或铁针是断的，断钉（针）切勿丢弃，同时将相同的钉针一起带到医院，为医生判断伤口深度作参考。

四、脚跟磨破

长距离行走或所穿鞋不合脚、鞋底不平整等，极易引起脚跟磨破。

急救措施

①如脚跟发红，可在袜子外面擦上一层肥皂，并在鞋子与脚跟接触的地方贴上一块胶布，使脚跟避免进一步摩擦破溃。

②脚跟磨破且出现水泡时，不要弄破水泡，可用消毒纱布包扎后让其自行吸收；大水泡可用碘酒擦一遍，再用消毒酒精擦一遍，最后用经消毒的针尖刺破，用消毒纱布包好，注意清洁，防止感染。

③脚跟磨破时，应换穿舒适的鞋子，并尽量少走路。

五、流鼻血

青少年活泼好动，经常会弄伤鼻子，引致流鼻血。此外，亦可能因好奇将异物塞进鼻孔，令鼻黏膜破损。若出现上述情况，所流出的血量很小时，无需过分担忧。

为什么冬天流鼻血的情况会比夏天严重呢？主要是在寒冷的天气下，我们喜欢吃一些热腾腾的食物，在进食时，阵阵的热气会令鼻腔内的血液加速运行，若鼻黏膜天生较薄或曾经受伤，则容易流鼻血。此外，在寒冷干燥的环境下，我们需要更多血液流经鼻腔，以提高温度和湿度，鼻黏膜的毛细血管因而容易充血，引致流鼻血。

如果除经常流鼻血外，亦有鼻敏感，流出黄色或绿色的鼻涕，又或嘴唇经常殷红、有口气，就是身体很燥热的信号。这时首先要清热，平日不要吃过量燥热的食物，如巧克力、饼干、薯条等。

一些旧的"错误办法"

（1）仰头止血

生活中，很多人鼻出血时，往往首先选择把头抬起来，实际上这是错误的方法。这种做法的危害是会使鼻腔内已经流出的血液，因姿势及重力的关系向后流到咽喉部，无法达到止血效果。咽喉部的血液会被吞咽入食道及胃肠，刺激胃肠黏膜而使人产生不适感或呕吐。出血量大时，还容易将血吸呛入气管及肺内，堵住呼吸气流造成危险。

（2）平躺止血

有的人在流鼻血的时候平躺下来，以为这样可帮助止血，其实这么做并不正确，因为一躺下来，原本往外流的鼻血就会往后流入口腔，流向喉咙，反而使人呼吸困难，或吞入大量血液，刺激胃壁引致呕吐。

正确做法及对策

一般来说，鼻出血时可采取以下 3 种方法快速止血。

（1）指压法

首先是坐下用口呼吸并用手指按压住出血的鼻孔，停留几分钟之后，一般都能起到止血的作用。如果两个鼻孔都在流血，那么只要捏紧鼻翼，使两个鼻孔封闭 3～4 分钟，也可以止住轻度流血。

（2）冰敷法

当指压法无效时，可以嘴含一块冰或者在额头上放一个冰袋，这种冰敷的方法也可以使鼻部血管遇冷后快速收缩止血。

（3）填塞法

用纱布或卫生纸塞入鼻腔堵塞出血部位来止血。如堵塞后出血仍然不止，或血经咽喉从嘴里出来，这是表面出血位置比较深或者有其他原因，应该立即去医院耳鼻喉科诊治，不可怠慢。

　　要提醒大家的是，如果鼻子经常出血，可能是鼻子局部的问题，也可能是某种严重疾病的一个表现，比如鼻咽癌或者白血病等疾病。因此，经常鼻子出血的病人，应去医院作进一步检查，以免延误病情。

预防办法

补水是最好的预防一般鼻出血的办法。首先要注意调节室内空气湿度，可在室内多喷洒些凉水或摆放几盆鲜花，也可使用空气加湿器。

如果感到鼻子干燥不舒服，可用毛巾或棉花蘸温开水轻擦一下，也可以用开水的蒸汽熏一熏。其次，就是合理调配日常饮食，春季饮食多以清淡为主，多吃一些富含维生素的食物，多喝温开水，这样既补充了体内水分，又可湿润鼻腔，使血管壁的弹性增强，就不容易破裂出血了。

　　另外，不要用手指挖鼻孔，以免损伤鼻腔黏膜的血管。一到春季鼻腔容易出血的人，还可在鼻腔内适当涂抹红霉素软膏进行预防。

六、皮肤晒伤

　　炎热的夏日在户外活动，极易引起皮肤晒伤，出现此种情况，需及时正确处置。

急救措施

　　①如果皮肤晒得很红，但并未起泡，可用冷湿毛巾、纱布等敷于患处，或将患处浸泡于冷水中，以减轻疼痛。
　　②不可抹黄油或人造黄油之类的东西，以免刺激皮肤。
　　③如果皮肤起泡，应速去医院治疗，切不可再暴露暴晒过的皮肤。

④在烈日下运动、工作时，要戴上宽边的帽子，不要把皮肤暴晒在阳光下，必要时可涂敷防晒霜。

七、手指割破

手指被刀、玻璃、铁器等划伤割破，是日常生活中容易发生的事，如果不予重视或处理不当，可能会使伤口恶化，轻者发炎、疼痛，重者引发严重疾患。

急救措施

①如伤口不大不深，出血不多，无明显污物，可用酒精消毒伤口周围，但不要将液体擦进伤口内，待干后用消毒纱布覆盖包扎，或用创可贴粘贴。

②若伤口不干净，要先用碘酒沿周围皮肤消毒第一次，再用酒精消毒第二次，然后用加少量食盐的冷开水冲洗伤口，冲洗时用药棉轻轻擦拭伤口，去除泥土和其他异物，最后再用酒精对伤口周围的皮肤消毒一次，以纱布覆盖包扎。

③如果伤口切缘整齐并且干净，长度在2厘米之内，深度不超过1厘米，经过消毒处理后，在受伤后8小时内，可用创可贴或止血消炎贴粘合，使伤口合拢，促使其愈合。如无创可贴，也可用胶布覆盖伤口，但伤口切忌直接接触胶布。也可在伤口上涂以消炎药等，或衬上小块消毒纱布，再用胶布包扎。

④若伤口较深，还接触泥土或脏物，需速去医院注射破伤风抗毒素。

八、小腿抽筋

在游泳、夜间受凉、剧烈运动或过度疲劳情况下，小腿后侧的腓肠肌会突然疼痛、痉挛、僵硬，这也就是人们日常所说的小腿抽筋。

出现这种情况时，需正确、迅速处理，以免引起严重后果。

急救措施

①在小腿抽筋时，可紧紧抓住抽筋一侧的脚大拇指，使劲向上扳折，同时用力伸直膝关节，即可缓解。

②在运动中，尤其是游泳时，一旦发生小腿肚抽筋，万不可惊慌失措，否则会因处理不使当使抽筋更厉害，甚至造成溺水事故。此时应立即收起抽筋的腿，用另一腿和两手臂划水，游上岸休息。如会浮水，可平浮于水上，弯曲抽筋的腿，稍事休息，待抽筋停止，立即上岸。也可吸气沉入水中，用手抓住抽筋一侧的脚大拇指，使劲往上扳折，同时用力伸直膝关节，在憋不住气时，浮出水面呼吸；然后再沉入水中，重复上述动作；反复几次后，抽筋可缓解，然后极速游上岸休息；在游向岸边时，切忌抽筋一侧的腿用力过度，以免再次抽筋。在其他运动中发生小腿抽筋，应立即原地休息。

③抽筋停止后，仍有可能再度抽筋，千万不要剧烈活动和游泳，应注意休息。

④可按摩抽筋的小腿，喝些牛奶、橙汁等。

九、鱼刺卡喉咙

鱼刺卡喉咙时，不要慌张，也不能采用大口干咽饭的办法，试图将鱼刺吞咽下去。这样做，细软的鱼刺可能侥幸被带进胃内，但大而坚硬的鱼刺则有可能因此越扎越深，甚至刺破食管或大血管，造成严重的后果。

立即用汤匙或牙刷柄压住病人舌头的前部，在亮光下仔细察看舌根部、扁桃体、咽后壁等，尽可能发现异物，再用镊子或筷子夹出，以减轻不适。

如果实在找不到鱼刺，而病人仍觉得鱼刺卡在咽喉，可用下列方法软化鱼刺。

①威灵仙 10 克、乌梅 3 个、食醋少许、砂糖少许，煎汤，频频缓缓咽下。

②将橙皮切小块，口含慢慢咽下。

③维生素 C 片，含化两片，徐徐咽下。

如上述方法仍无效，或吞咽后胸骨后疼痛，说明鱼刺在食管内，应当禁食，尽快去医院诊治。

第五章
安全使用家用电器

第一节 用电安全基本常识
第二节 家庭用电常识

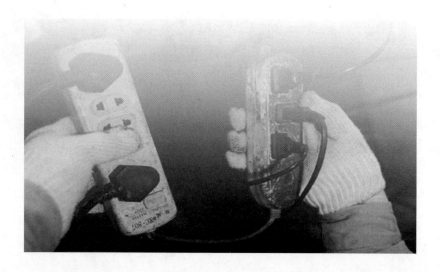

电流对人体的伤害有 3 种：电击、电伤和电磁场伤害。

一、电流对人体的伤害

一般认为，电流通过人体的心脏、肺部和中枢神经系统的危险性比较大，特别是电流通过心脏时，危险性最大。所以从手到脚的电流途径最为危险。

二、防止触电的技术措施

绝缘、屏护和间距是最为常见的安全措施。

1. 绝缘

绝缘物可防止人体触电，把带电体封闭起来。瓷、玻璃、云母、橡胶、木材、胶木、塑料、布、纸和矿物油等都是常用的绝缘材料。

（绝缘手套）　　　　（绝缘梯子）　　　（绝缘鞋）　　　（绝缘胶带）

2. 屏护

即采用遮拦、护盖箱闸等把带电体同外界隔绝。

3. 间距

就是保证必要的安全距离。

4. 接地

指电气装置或电气线路带电部分的某点与大地连接。电气装置或其他装置正常时不带电部分某点与大地的人为连接也都叫接地。

5. 装设漏电保护装置

为了保证在故障情况下的人身和设备的安全，应尽量装设漏电动作保护器。

6. 采用安全电压

这是用于小型电气设备或小容量电气线路的安全措施。凡手提照明灯、高度不足2.5米的一般照明灯，如果没有特殊安全结构或安全措施，应采用42伏或36伏安全电压。

凡金属容器内、隧道内、矿井内等工作地点狭窄、行动不便，以及周围有大面积接地导体的环境，使用手提照明灯时应采用12伏安全电压。

三、电气火灾的防止

家用电器、照明设备、手持电动工具以及通常采用单相电源供电的小型电气设备，有时会引起火灾，其原因通常是电气设备选用不当或由于线路年久失修，绝缘老化造成短路，或由于用电量增加、线路超负荷运行，维修不善导致接头松动、电气设备积尘、受潮、热源接近电气设备、电气设备接近易燃物和通风散热失效等。

①防止电气火灾的措施主要是合理选用电气装置。例如，在干燥少尘的环境中，可采用开启式和封闭式；在潮湿和多尘的环境中，应采用封闭式；在易燃易爆的危险环境中，必须采用防爆式。

②防止电气火灾，还要注意线路电器负荷不能过高，注意电气设备安装位置距易燃可燃物不能太近，注意电气设备运行是否有异常，注意防潮等。

四、静电、雷电、电磁危害的防护措施

1. 静电的防护

静电防护一般采用静电接地，增加空气的湿度，在物料内加入抗静电剂，使用电器采用导电性能较好的材料，降低摩擦、流速，惰性气体保护等方法来消除或减少静电产生。

2. 雷电危害的防护

雷电危害的防护一般采用避雷针、避雷器、避雷网、避雷线等装置将雷电直接导入大地。

避雷针主要用来保护露天变配电设备、建筑物和构筑物；避雷线主要用来保护电力线路；避雷网和避雷带主要用来保护建筑物；避雷器主要用来保护电源设备。

3. 电磁危害的防护

电磁危害的防护一般采用电磁屏蔽装置。高频电磁屏蔽装置可由铜、铝或钢制成。金属或金属网可有效地消除电磁场的能量，因此可以用屏蔽室、屏蔽服等方式来防护。屏蔽装置应有良好的接地装置，以提高屏蔽效果。

五、触电救护

实施紧急救护的关键和首要工作是尽快断开与触电人员接触的带电体，使触电人脱离电源。人体触电时若出现呼吸和心跳突然停止，应立即采用心肺复苏法进行抢救。采用心肺复苏法要贯彻畅通气道、人工呼吸和胸外心脏按压3项基本措施。

1. 触电事故的主要原因

统计资料表明，发生触电事故的主要原因有以下几种。

①缺乏电气安全知识。如在高压线附近放风筝，爬上高压电杆掏鸟巢；低压架空线路断线后，不停地用手去拾火线；黑夜带电接线，

手摸带电体；用手摸破损的胶盖刀闸。

②违反操作规程。带电连接线路或电气设备又未采取必要的安全措施；触及损坏的设备或导线；误登带电设备；带电接照明灯具；带电修理电动工具；带电移动电气设备；用湿手拧灯泡等。

③设备不合格。安全距离不够；二线一地制接地电阻过大；接地线不合格或接地线断开；绝缘破坏导线裸露在外等。

④设备失修。大风刮断线路或刮倒电杆未及时修理；胶盖刀闸的胶木损坏未及时更换；电动机导线破损，使外壳长期带电；瓷瓶破坏，使相线与拉线短接；设备外壳带电。

⑤其他偶然原因，例如夜间行走触碰断落在地面的带电导线。

2. 触电应急救护

①如果开关或插头在附近，应立即拉下闸刀开关或拔去电源插头，不能直接去拉触电者。

②可用竹竿、木棒等绝缘物挑开电线，也可戴上绝缘手套或用干燥的衣物包在手上，再使触电者脱离带电体。

③可站在绝缘垫或干燥的木板上，使触电者脱离带电体（此时尽量用一只手进行操作）。

④可直接抓住触电者干燥而不贴身的衣服将其拖离带电体，但要注意此时不能碰到金属物体和触电者裸露的身躯。

⑤解开妨碍触电者呼吸的紧身衣服。

⑥检查触电者的口腔，清理口腔的黏液，如有假牙要取下。

⑦触电者神志不清，但呼吸、心跳正常的，可就地舒适平卧，保持空气畅通，解开衣领以利呼吸。天冷时要注意保暖，间隔5秒钟轻呼触电者或轻拍其肩部（但禁止摇晃头部）。立即就地进行抢救，如呼吸停止，采用口对口人工呼吸法抢救，

⑧若触电者呼吸困难或心跳失常，应迅速进行人工呼吸或胸外心脏按压术。同时尽快送医院，途中也应继续抢救。

（1）加强安全教育，普及安全用电常识缺乏

实践表明，大量的触电事故是由于人们缺乏用电基本常识造成的。有的人是对电力的特点及其危险性缺乏；有的人是疏忽麻痹，放松警惕；还有人的则是似懂非懂，擅自违章

用电等。因此，加强学习安全用电的基本常识是十分重要的。

（2）采取合理的安全防护技术措施

根据人体触电情况的不同，可将触电防护分为直接触电防护和间接触电防护。

直接触电防护，是指防止人体直接接触电气设备带电部分的防护措施。直接触电防护的方法是将电气设备的带电部分进行绝缘隔离、空间隔离，防止人员触及或让人员避开带电部位。例如：某些电气设备配备的绝缘罩壳、箱盖等防护结构；室内外配电装置带电体周围设置的隔离栅栏、保护网等屏护装置；在可能发生误入、误触、误动的电气设施或场所装设的安全标志、警示牌等。

间接触电防护，是指防止人体接触电气设备正常情况下不带电金属外壳、框架等，当设备漏电时可能发生触电危险的防护措施。间接触电防护的基本措施是对电气设备采取保护接地或保护接零，以减小发生故障时这些部位的对地电压，并通过电路的保护装置迅速切断电源。对在潮湿场所使用电气设备、手持移动电器或人体经常接触的电气设备，可以考虑采用安全电压（一般指36伏以下的电压）。

（3）漏电保护器及其应用

漏电保护器又称漏电断路器，是一种低压触电自动保护电器。其基本功能是在电气设备发生漏电或当有人触电、在尚未造成身体伤害之前，漏电保护器即发出信号，并由低压断路器具迅速切断电源。漏电保护器在城乡居民住宅、学校、宾馆等场所得到广泛应用，对保障人身安全发挥了重要作用。

第二节

家庭用电常识

一、安全电流和电压

一般情况下，36 伏以下为安全电压，但在潮湿的环境中应不高于 24 伏或 12 伏。

安全电流的标准如表 1 所示。

表 1 安全电流的标准

流过人体电流	人的感觉和反应
1 毫安	开始有麻感
10 毫安	有麻感，但可以摆脱
30 毫安	剧痛感、神经麻痹、呼吸困难、生命危险
100 毫安	短时间窒息、心跳停止

二、测电笔的使用

手接触笔尾金属体；笔尖金属体接触被测物体。

①购买家用电器时，应认准国家认定生产的合格产品，不要购买"三无"的假冒伪劣产品。购买后要认真阅读产品说明书，注意其使用电压和功率，应不超过家庭电源插座、保险丝、电表和导线的允许负荷，方可使用。

②安装家用电器时，要注意电器的使用环境。不要将家用电器安装在潮湿、有热源、多灰尘、有易燃和腐蚀性气体的环境中。

③厨房、贮藏室等易受潮的场所，要经常检查有无漏电现象，一般可用测电笔在墙壁、地板、设备外壳上进行测试。

④使用家用电器时，要有完整可靠的电源线的插头，不许将导线直接插入插座，不要用双脚插头和双脚插座代替三脚插头和三脚插座，以防由于插头错接造成家用电器金属外壳带电，发生人员触电伤亡事故。

⑤电热设备，如电暖器、小电炉、电热器、电淋浴器、电熨斗、电烙铁等，这些设备电流较大、热量高，因此都应由自身的开关操作，严禁用插头操作，且插座的容量应满足要求。

⑥不准在地线和零线上装设开关和保险丝。禁止将接地

线接到自来水、燃气、暖气和其他管道上。

（电热毯不能叠着用）

⑦家用电器在使用时，不要用湿手触及开关和外壳。使用电吹风机、电烙铁等电器，不要将电线绕在手上。移动电器时，要切断电源，禁止用手拽电线。

⑧不要乱拉电线和乱接电气设备，更不要利用"一线一地"方式接线用电。

⑨家用电器的电源线绝缘破损时，要用绝缘包布包扎好，禁止用伤湿止痛膏之类药用胶带包扎。

⑩家用电器使用完毕，要随时切断电源。在意外紧急情况发生时，需要切断电源的，必须使用电工钳剪断电线，不要用手硬拽电线。

⑪不要在高压电线附近放风筝、打鸟、装设天线，更不能在电线杆和拉线上拴牲口，不许在电线杆和拉线附近挖坑、取土，以防倒杆断线。

⑫如发现电气设备有故障或漏电起火，要立即切断电源，在未切断电源前，不能用水或酸、碱泡沫灭火器灭火。

⑬不要在电线上晒衣服，以防绝缘破损漏电造成触电。

⑭电线断线落地，不要靠近。若是6～10千伏的高压线应至少离开电线落地点10米远，并及时报告有关部门修理。

⑮ 不要用湿手去摸灯口、开关和插座。更换灯泡时，先切断电源然后站在干燥绝缘物上操作。灯线不要拉得太长或到处乱拉。

⑯ 如发现有人触电，应赶快切断电源或用干燥的木棍、竹竿等绝缘物将电线挑开，使触电者马上脱离电源。如触电者昏迷，呼吸停止，应立即进行人工呼吸，尽快送医院抢救。

⑰ 开挖地面必须先到当地供电部门联系，看清标明地下电缆位置的标记，采取可靠措施，防止误伤电缆，引起伤亡、停电等事故。

⑱ 不要在电线杆、变压器台、配电室、楼内开关箱附近堆放煤、木材等易燃品和其他物品、搭房建屋。这样做对设备安全运行构成威胁，也给电气设备检修、急修造成困难，影响消防通道，造成隐患。

⑲ 不要在电线杆、配电室、楼内开关箱上随意张贴宣传品，以免覆盖运行标志，影响急修工作进行。

⑳ 严禁攀登电线杆、变压器等，严禁私自开启配电室和楼内开关箱门，以免发生事故。

㉑ 严禁在架空电力线路附近吊（高）车作业或搭脚手架。

㉒ 家用电器或导线失火时，在未切断电源时，不准用水灭火，防止发生触电事故。

四、学会看安全用电标志

明确统一的标志是保证用电安全的一项重要措施。统计表明，不少电气事故完全是由于标志不统一造成的。例如由于导线的颜色不统一，误将相线接设备的机壳，而导致机壳带电，酿成触电伤亡事故。

标志分为颜色标志和图形标志。颜色标志常用来区分各种不同性质、不同用途的导线，或用来表示某处的安全程度。图形标志一般用来告诫人们不要去接近有危险的场所。为保证安全用电，必须严格按有关标准使用颜色标志和图形标志。我国安全色标采用的标准，基本上与国际标准草案（ISD）相同。一般采用的安全色有以下几种。

安全用电

①红色：用来标志禁止、停止和消防，如信号灯、信号旗、机器上的紧急停机按钮等都是用红色来表示的。

当心触电

②黄色：用来标志注意危险。如"当心触电"、"注意安全"等。

进入施工现场必须戴安全帽

③绿色：用来标志安全无事。如"在此工作"、"已接地"等。

④蓝色：用来标志强制执行，如"必须戴安全帽"等。

⑤黑色：用来标志图像、文字符号和警告标志的几何图形。

按照规定，为便于识别，防止误操作，确保运行和检修人员的安全，采用不同颜色来区别设备特征。如电气母线，A相为黄色，B相为绿色，C相为红色，明敷的接地线涂为黑色。在二次系统中，交流电压回路用黄色，交流电流回路用绿色，信号和警告回路用白色。

注意危险

首先，在安装电气设备的时候，必须保证安装质量，并应满足安全防火的各项要求。要使用合格的电气设备，破损的开关、灯头和电线都不能使用，电线的接头要按规定的连接法牢靠连接，并用绝缘胶带包好。对接线桩头、端子的接线要拧紧螺钉，防止因接线松动而造成接触不良。我们在使用过程中，如发现灯头、插座接线松动（特别是移动电器插头接线容易松动）、接触不良或有过热现象，要找电工及时处理。

其次，不要在低压线路和开关、插座、熔断器附近放置油类、棉花、木屑、木材等易燃物品。

电气火灾前，都有一种前兆，要特别引起大家的重视，就是电线因过热首先会烧焦绝缘外皮，散发出一种烧胶皮、烧塑料的难闻气味。所以，当闻到此气味时，应首先想到可能是电气方面原因引起的。如查不到其他原因，应立即拉闸停电，直到查明原因，妥善处理后，才能合闸送电。

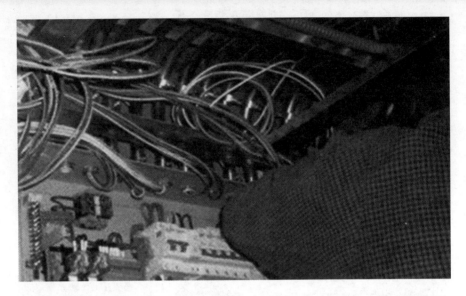

　　万一发生了火灾，不管是否是电气方面引起的，首先要想办法迅速切断火灾范围内的电源。因为，如果火灾是由电气方面引起的，切断了电源，也就切断了起火的火源；如果火灾不是电气方面引起的，也会烧坏电线的绝缘，若不切断电源，烧坏的电线会造成碰线短路，引起更大范围的电线着火。发生电气火灾后，应盖土、盖沙或使用灭火器，但决不能使用泡沫灭火器，因为此种灭火器中的灭火剂是导电的。

第六章
被困电梯的应急自救

第一节 应对措施
第二节 防范常识

第一节

应对措施

近年来，电梯发生故障的频率越来越高，电梯惊魂的报道三天两头就出现在报纸或电视屏幕上。为了保证青少年的生命安全，本章将从电梯出现故障时的运作程序分析入手，向大家介绍电梯逃生知识。

一、卷起电梯轿厢地毯，露出底部通风口，大声向外呼救

被困电梯后，最重要的是在最短的时间内与外界取得联系，寻求救援。一旦被困电梯内，请大家做好以下几点。

①被困之后，最好的方法就是按下电梯内部的紧急呼叫按钮，这个按钮会跟值班室或者监视中心连接，如果呼叫有回应，你要做的就是等待救援。

②如果你的报警没有引起值班人员注意，或者呼叫按钮也失灵了，最好用手机拨打报警电话求援。目前，许多电梯内都配置了手机的发射装置，可以在电梯内正常接打电话。

③如果恰逢停电，或者手机在电梯内没有信号，面对这种情况时，最好保持镇静，因为电梯都安装有安全防坠装置。防坠装置将牢牢卡在电梯槽两旁的轨道，使电梯不至于掉下去。即使遭遇停电，安全装置也不会失灵。这个时候，务必要镇静，要保持体力，伺机待援。在

狭窄闷热的电梯里，许多乘客担心会导致窒息，这一点请大家放心，目前新的电梯国家标准有严格的规定，只有达轿厢到通风的效果，电梯才能够投放市场。另外，电梯有许多活动的部件，比如一些连接的位置，如轿壁和轿顶的连接处都有缝隙，一般来说足够人的呼吸需要。

④在稍事稳定情绪之后，可把铺在电梯轿厢地面上的地毯卷起来，将底部的通风口暴露出来，达到最好的通风效果。然后大声向外面呼喊，以期引起过往行人的注意。

⑤如果喊得口干舌燥仍没有人前来搭救，要换一种保存体力的方式求救。这时，不妨间歇性地拍打电梯门，或用坚硬的鞋底敲打电梯门，等待救援人员的到来。在救援者尚未到来期间，宜冷静观察，耐心等待，不要乱了方寸。

有些被困性急的人会尝试自己从里面打开电梯，这是消防人员极度反对的一种自救方式。因为电梯在出现故障时，门的回路方面，有时会发生失灵的情况，这时电梯可能会异常启动。如果强行扒门就很危险，容易造成人身伤害。另外，被困乘客因为不了解电梯停运时身处的楼层位置，盲目扒开电梯门，也会有坠入电梯井的危险。

总之，在被困电梯的情况下，要合理控制情绪，科学分配体力，耐心等待救援，才是成功脱困的最好途径。

二、电梯高速下落时，应曲膝、踮脚、双臂展开、扶电梯壁

如遇到冲顶或蹲底事故，也就是俗称的电梯下坠，指电梯的轿厢在控制系统失效的情况下发生垂直下坠的现象。当轿厢失去控制冲到电梯井道的顶部时，称为电梯冲顶。

应对方法如下。

①不论有几层楼，赶快把每一层楼的按键都按下。当紧急电源启动时，电梯可马上停止继续下坠。

②如果电梯里有手把，一只手紧握手把，这样可固定人所在的位置，使你不至于因重心不稳而摔伤。

③整个背部与头部紧贴电梯内墙，呈一条直线。要运用电梯墙壁

作为脊椎的防护。

④膝盖呈弯曲姿势。因为韧带是人体中具有弹性的组织，借用膝盖弯曲来承受重击压力，比骨头承受压力会更大。在电梯出现异常速度时，乘客应手扶轿壁，并双腿保持弯曲，以减轻对电梯急停的不适应。

从物理学角度讲，电梯高速下落时，电梯中的人不要直立，也不要蹲着，这种姿势在着陆时对身体都有伤害，轻则骨折，重则瘫痪或死亡。正确姿势是：双腿分开、曲膝、踮脚，双臂展开，扶着电梯壁，会在着陆时有缓冲，能够保护关节和脊柱。

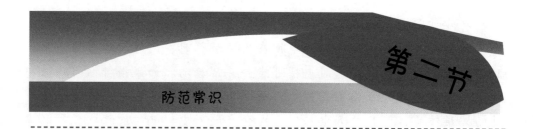

第二节

防范常识

一、超载铃声响后不可乘坐电梯

一些住宅小区和商业大厦的电梯存在载人电梯当货梯使用的现象。载人电梯当作货运电梯，运送建筑材料、建筑垃圾、家具等，容易出现负荷过重或垃圾掉入轨道等危险，从而引发电梯故障。超载是电梯运行的一个重大隐患，一般来说，每台质量过关的电梯都设有超载警示开关，超员会发出警报，但这并不表明安全性达到百分之百。如果电梯超载警示开关坏了或灵敏度不够、线路板出现问题，此时一旦超负荷而乘电梯者又没意识到，可能会出现无法控制的后果。

二、不在电梯里蹦跳、乱按按钮

除了上述问题外，电梯故障与乘客操作不当也有关系，如乘电梯者（特别是小孩子）乱按电梯按钮、电梯关门时强行挤入等。

平时，有不少人上了电梯后，喜欢故意用力跺脚，甚至蹦跳。还有人在衣服、包被门夹住后，不是按开门键，而是使劲拽。这些都可能引发电梯突然出现故障。

三、留意电梯检验日期

除了人为因素，一些电梯的维护保养跟不上也是导致电梯故障经常发生的原因。为什么维护保养会跟不上呢？因为一些电梯使用单位或管理单位贪图便宜，往往与低价的维保单位签订合同，而这些维保单位没有完全按照国家安全技术规范对电梯进行保养。还有个别电梯使用单位贪图便宜，将电梯安装、维保业务委托给一些不具备资质的单位或个体私营企业，当电梯发生故障时往往一筹莫展。电梯故障的原因牵涉到很多方面，维保单位和物业管理部门要严格按照国家的有关法规规范保养和管理电梯。

第七章
居家防盗和防骗

第一节 居家防盗
第二节 居家防骗

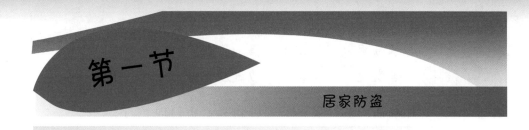

第一节

居家防盗

一、居家防盗的注意事项

居家防盗的注意事项如表3所示。

表2 居家防盗的注意事项

独自在家就寝	锁好防盗门。
	确认"五"关：水、电、燃气、门、窗。
	1.先观察后询问，若是陌生人，坚决不开门。 2.若是修理工上门，要确认是否事先约好，检查来者证件并仔细询问，确认无误后方可开门。家中需要修理服务时，最好有家人、朋友在家陪伴或告知邻居。 3.若有人以同事、朋友或远方亲戚的身份要求开门，不能轻信。 4.若有上门推销者敲门，可婉拒。切勿贪小便宜，以免追悔莫及。 5.一定不要因为来者是女性而减少戒心。 6.遇到陌生人在门口纠缠并坚持要进入室内时，可打电话报警，或者到阳台、窗口高声呼救，向邻居、行人求援
遗失钥匙	应尽快通知家人，并视情况换新锁
重要证件	1.银行卡、钥匙、身份证、名片等物要分散放置，不要集中放在一个包里。 2.记录用证件号码及服务密码包括保留证件复印件。若不慎遗失应尽快用电话挂失
夜间返家	1.到家之前提前准备钥匙，不要在门口寻找。 2.迅速进屋，并随时注意是否有人跟踪或藏匿在住处附近死角。

夜间返家	3.送朋友回家时，等朋友平安进入再离开。 4.尽量乘电梯，不走楼梯。 5.若发现可疑现象，切勿进屋，并立刻通知警方
日常外出	1.确认"五"关，随身带钥匙，出门即锁门
外出旅游	1.请朋友、邻居代为处理信件、报纸、小广告等，以免坏人就此判断家中无人。 2.拜托邻居、居委会和保安多关照，留下己的联系方式。 4.若条件允许，使用定时器操纵屋内的电灯、音乐，布置出有人在家的样子，以此迷惑不法分子。 5.长期不在家时，须拔掉电话接线，并将门铃的电池卸下，以免长时间响铃暴露家中无人

二、在家遇到坏人时的注意事项

在家遇到坏人时的注意事项如表 3 所示。

表 3 在家遇到坏人时的注意事项

迷惑坏人	当独自在家时，要想办法让坏人明白，家里马上就会有人回来
快跑	尽量往外面跑，不要管家里的东西，也不要盲目与坏人搏斗，跑出去后，要马上报警
报信	家里进坏人后，要想办法让别人注意到自己家，比如到阳台上往下扔花盆、衣架等物
搏斗	体弱者，尽量和坏人斗智；身体强健者，必要时可以和坏人斗勇

不看坏人	坏人进来后，尽量不要盯着坏人看，这样坏人就能放松警惕，认为你不会反抗，就不会采取过激行为
装死	如果坏人掐你或用别的方法伤害你，能装死就装死，以躲避进一步的伤害
不喊叫	如果附近没有人，就不要大声呼叫，因为大声呼救容易激起坏人的杀机
从前面捆绑	如果坏人要捆绑你，要往前伸手，让坏人把你的手捆绑在身前而不是身后。同时，坏人在捆绑时，要尽量把肌肉绷紧。当逃脱时，手从身前容易挣脱绳子，绷紧的肌肉一旦松下来，绳子就不会捆绑那么紧，也容易挣脱
放弃	如果钱被翻出来了，不要和坏人搏斗
劝说	想办法劝解或感动坏人，比如拿药给坏人擦伤口等，让坏人放松警惕
切记	晚上有坏人进门后，不要主动开灯。因为坏人并不熟悉你家里的环境，而你自己却熟悉。同时不要出声，尽量别让坏人知道你在什么位置和家里有几个人，然后再找机会将坏人制服

三、家中被盗后的注意事项

家中被盗后的注意事项如表4所示。

表4 家中被盗后的注意事项

①保护好现场，不随意翻动。 ②及时与公安机关、保卫部门联系。 ③存折、信用卡被盗后尽快到银行办理挂失手续。 ④配合公安机关的调查工作，并提供尽可能多的情况。

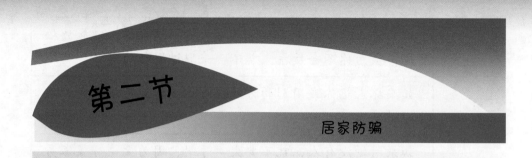

（一）常见诈骗 12 招

骗招 1 洗钱诈骗

诈骗手法：骗子以公、检、法等机关人员名义打电话给事主说："你的账号涉嫌洗钱，为了查案要冻结你名下银行卡资金。"骗子会提出为了确保资金安全，可以将银行卡中的资金转入由他们提供的银行账户，但前提是事主必须对此保密，同时不能跟别人提起，更不能告诉银行工作人员。

安全提醒：公、检、法机关是不会设置保护账户转移当事人资金的，办案中查封扣押都会有正式法律文书，并由执法人员执行，不会在电话中要求当事人随意转账。

骗招 2 社保卡诈骗

诈骗手法：骗子多冒充公、检、法等机关人员，谎称事主"在某市的大医院开过大量的处方药或大量涉毒药品"、"医保卡购买了价值上万元的违禁药品"等谎言，进而要求事主转账汇款；或者假借通相关机关名义知领取社保补贴。一般使用短信等方式向事主发送虚假信息，要求事主回拨短信中提到的电话号码，再让事主按照对方提示在 ATM 机上进行操作，完成转账汇款。

安全提醒：事主集中在刚刚退休或年轻的学生、对社保卡使用不是很熟悉的人群。如遇到类似情况请及时到社保机构进行咨询核实。

骗招 3　退税诈骗

诈骗手法：骗子冒充国家税务机关人员，拨打电话谎称税款降低而向事主退款，能准确说出事主的车辆或其他个人信息，让事主信以为真，要求事主先提供银行卡号码，之后赶快携带银行卡到 ATM 自动取款机按其说的步骤转账取回退款。当事主在柜员机操作时，实际上骗子转走了事主自己的钱。

安全提醒：如果接到有人打电话声称退税这等好事的，请不要相信这类谎言，可以向税务部门进行查询核对相关情况。不要按其指示进行任何操作，不要提供银行账户及密码，必要时及时报警。

骗招 4　冒充亲朋好友诈骗

诈骗手法：骗子打通事主的移动电话或座机让事主猜他是谁。骗子往往会问"您不记得我是谁了"之类的话让事主猜，事主随便说出一个人名字，这时，对方则顺势就说你答对了，而事主便理所当然地认为他就是自己的那位朋友，因此没了防备。继而骗子就会以熟人的名义向事主提出借钱或出意外急需用钱的各种诉求，骗取事主的钱财。

安全提醒：骗子的招数并不高明，很多情况下，是事主在通话中说出了情况，被对方利用。所以，接到这样类似不自报家门的电话，说话要谨慎。请直接问他是谁，如果是好友，简单核对一下就清楚了，朋友也不会责怪的，但却防止上当受骗。

骗招 5　冒充房东诈骗

诈骗手法：骗子通过群发一条内容如下的信息："您好，我是房东！我现在在外地，麻烦您把这次房租交到我爱人工行上（622202240201632×××　孙××）。"这样的短信是群发的，看是否有人上当。

安全提醒：提醒租房的青少年朋友，在月前月尾收房租的时间，一定要注意这种类似的短信，以防短信诈骗哦！汇款前一定打个电话向房东确认。租房时也要了解房东姓名等信息资料，以防上当受骗。

骗招 6 冒充领导诈骗

诈骗手法：骗子有时会打着上级领导（上司）身边工作人员的旗号，给事主打电话，要求事主帮忙处理个人事务。

安全提醒：对这类电话，请多长一个心眼，对一个不认识的人提出借款或购买东西涉及金钱诉求的时候，要谨慎对待，待核实该人身份后再帮忙也不迟。

骗招 7 贷款诈骗

诈骗手法：利用手机群发短信、在报纸打小广告等途径发布可以提供低息、无抵押贷款等信息，并留下联系方式。事主急需贷款与其主动联系后，骗子往往要求事主向指定账户汇入"手续费"、"好处费"、"验资款"、"保证金"、"利息"等借口，诈骗钱财。如骗子让事主到银行开设新账户存入一定量的保证金，在开户同时开通手机银行，而手机银行留的是骗子的电话号码，这样受害人一旦开户后，骗子就会把钱转走。

安全提醒：骗子利用事主急需用钱的心态，层层设置圈套。事主收到这类信息一般不要理会，一旦发现被骗，请及时停止操作，减少损失，并立即向公安机关报案。

骗招 8 网银升级诈骗

诈骗手法：骗子会利用"××银行 E 令卡过期"、网银升级、信用卡升级、网银密码升级等虚假信息实施诈骗为借口，提示升级后会便于操作，群发短信给用户，诱骗事主登录与相关银行官方网址（www.×××.cn）相似的"钓鱼网站"，从而窃取事主的登录账户和密码口令。一旦得手，骗子迅速通过网上转账将事主账户内的资金转走。

安全提醒：如接到类似的诈骗信息，不要理会，如遇事主网银不能使用，请咨询所属银行。在网银操作中请谨记银行正确的网银网址，如发现不对，请向有关银行举报，必要时拨打"110"电话报警，不给犯罪分子可乘之机。

骗招 9　冒充银行客服诈骗

诈骗手法：骗子利用短信群发功能，发送内容为"您于 × 月 × 日在 ×× 商场消费 ×××× 元，将从您账户中扣除，如有疑问请咨询银联中心，电话 ×××××。"事主拨打短信中提供的电话后，对方自称是银行客户服务中心，谎称事主的个人信息可能被他人冒用，要事主持银行卡到 ATM 自动取款机操作，将账上钱款转入指定安全账户来骗取事主钱财。

安全提醒：事主按照骗子指令进行转账操作时，实际上是将自己银行卡的存款转到骗子银行账户中去。有时，有的骗子建议事主报警，并把所谓的"报警电话"留给受害人，然后冒充公安机关工作人员，让事主将银行卡内的存款转到指定账号，由"银行专业人员"做升级保护，实际上也是转出自己银行卡的存款到骗子的银行账户中。当收到类似信息时，应先核实自己的消费情况，没有消费的不用理会，或拨打正规的银行客服电话；确有这样的消费到期还款就是。

骗招 10 汇款短信诈骗

诈骗手法：骗子主要使用手机海量群发信息，内容如"款还没汇吧，那张卡磁条坏了，请把钱汇到××卡上"、"请把钱存入××××（银行卡号）开户名：×××"。

安全提醒：我们在汇款前一定要核对清楚账户及户名。涉及钱财问题时，要多留个心眼，必须要汇款时，收到类似短信后一定要与收款事人取得联系，确保信息无误。别误以为对方是自己的熟人，在没有确认之下，就会把钱汇到骗子指定的账户中。

骗招 11 虚构绑架诈骗

诈骗手法：骗子有时会打电话称，事主的孩子被绑架，并索要赎金，电话中甚至还出现了孩子的哭闹声音。

安全提醒：如遇到这种事情，一定要冷静，先核实清楚是否是自己的小孩，必要时请求与小孩通话确认身份。如果对方所陈述的内容与孩子相符，尽快报警，以便公安机关查出事实真相。如果所问的情况对方回答不上来或有误，那一定是有诈，请及时报警。

骗招 12 意外事故诈骗

诈骗手法：骗子有时会打电话给事主称，您的家人在某地生急病或发生意外，遇到紧急情况急需用钱，让您把钱打到××银行账号上。

安全提醒：接到这类电话时，一定要保持冷静，核实清楚事情的真相，特别是及时与家人联系，在电话联系不上时要通过第三方或其他通信工具多方进行核实，不要轻易相信他人的话，以免不法之徒利用亲人之间的感情，实施诈骗。

（二）网络诈骗 9 大招

一、购物退款诈骗

犯罪分子利用非法手段获取购物网站上的交易信息，以卖家或客服人员的身份电话联系事主，谎称由于系统故障、订单出错等原因，将货款退还给事主，进而诱导事主打开其提供的所谓退款网页，骗取事主的银行卡信息和密码，从而盗取事主的银行资金。

案例：虞某在某购物网站下了个网购订单，然后就接到了自称是网站客服人员的人打来的电话，称其网购订单有问题要向他退款，于是虞某把自己的银行卡卡号和手机收到的动态密码以及自己的密码都发给了对方，随后事主手机上收到银行卡内被转账 785 元的通知，虞某这才意识到被骗。

防范提示：凡是接到陌生人要求退款、转账或汇款的电话或短信，在没核实情况之前，千万不要透漏自己的银行卡或账号和密码等私人信息，更不要按照对方发送的所谓网页链接地址进行操作。

二、虚假网站购物诈骗

通过开设网址与真实网站极为相似的虚假购物网站或在知名大型电子商务网站进行注册，然后以虚假内容吸引网上消费者。犯罪分子会要求事主预付货款或提出预付邮寄费、保证金等，在收取众多的汇款之后，犯罪分子不提供商品或者干脆"网上蒸发"。

案例：前不久，焦某某上网时，发现一网址为"www.bxhg99.com"的网站有廉价"生物油"出售，遂与对方电话联系购买事宜。对方先后多次以交纳定金、押金等为由骗焦某某银行现金汇款6000元。

防范提示：选择有信誉度的购物网站，要坚持使用正规的支付工具，绝不轻信价格便宜，可以用线下交易直接汇款等理由，拒绝先付定金；在网上购物需要核实对方身份；注意保存购物凭据及网上聊天记录，以便在维权的过程中向网上商家索赔；用银行卡支付，最好使用一个专用账户，卡内不宜存放太多资金。

三、"QQ"盗号冒充熟人诈骗

犯罪分子通过欺骗或黑客手段盗取受害人亲友的QQ号码，冒充受害人亲友以交学费、借钱、帮忙购物等理由诱使受害人汇款。有的甚至通过剪切制作受害人亲人的视频聊天录像并播放给受害人观看，以达到取信受害人的目的。

案例：薛某某在家中上网时，犯罪嫌疑人冒用其儿子的QQ号与其联系，称其在美国学校的"周教授"急需用钱，让其汇款4.5万美元至"周教授"的账号，薛某某便汇款人民币28.1万余元至该账户。汇款后，薛某某与其子取得联系发现被骗。

防范提示：谨慎辨认对方身份，在遇到类似情况特别是要求汇款等涉及财物问题时一定要用电话或其他方式联系对方，或在聊天时设置一些问题以辨别对方身份。如确认为诈骗，应在第一时间通知其他好友，让其防止被骗。

四、兼职"刷客"诈骗

淘宝刷钻、手机充值卡刷信誉及游戏点卡刷信誉是最常见的三种兼职代刷骗局。犯罪分子首先在各大招聘网站上发布兼职信息，以给淘宝店铺刷信誉为由，让应聘者购买手机充值卡、游戏点卡等虚拟商品，谎称会返还购买的本金和佣金，利用事主对淘宝虚拟商品购物流程不熟悉的弱点，诱骗事主发送拍好的卡号和卡密码，从而盗取钱财。

案例：小吴在宿舍用手机QQ聊天时找到一条网上兼职广告的信息，与犯罪分子QQ取得联系，犯罪分子让小吴购买指定虚拟商品提高商家信誉度，承诺返还购物本金以及给予报酬。小吴在犯罪分子的授意下通过自己的支付宝支付了1300元购买了13张"完美一卡通"的充值卡并将截图及密码告知了对方，事后发现被骗。

防范提示：一是通过截图方式证明交易成功的要求都有很强的欺诈嫌疑，真正卖家完全可以通过查看交易记录来证实交易是否成功，而不会要求顾客发截图。二是卡单、掉单、付费激活订单等多是欺诈专用术语，见到此类词语，基本可以断定对方是骗子。三是不要轻信所谓日赚百元的网络兼职，一定要登录正规的招聘网站寻找兼职，可使用一些软件系统对招聘网站进行可信任身份验证。

五、网上投资理财诈骗

犯罪分子通过开设所谓的投资咨询网站，谎称掌握股票、期货交易内幕或能预测彩票开奖情况，以咨询费、押金、保密费为由诱骗事主向其提供的账号汇款。

案例：姚某上网看到一家叫"深圳某财富"的公司，他看了公司介绍有短期投资，收益极高，便在公司网页上填写了个人信息及注册了会员，后又加了对方客服QQ联系，姚前后3次共计12万元购买该公司的理财产品。几天后，姚发现对方的公司网页打不开，客服电话也打不通，遂发觉被骗。

防范提示：投资理财要通过正规渠道，切莫有"一夜暴富"等不切实际的想法。

六、虚构中奖网络诈骗

利用传播软件随意向邮箱用户、网络游戏用户、即时通信用户等发布虚假中奖提示信息，谎称其中了大奖，并提供一个和该网站网址非常相似的网址链接，要求其上网确认。随后以奖品邮寄费、奖金个人所得税、保证金等要求受害人向其指定的银行账户汇款。

案例：前不久，董某上网时 QQ 上跳出一个网页，内容是"我要上××"，发现网页上显示自己中了二等奖（奖品是 98000 元和一台苹果笔记本电脑），后董某通过银行卡一次性转账 1900 元至犯罪犯罪分子账户，转完账后发现对方的联系号码已经暂停使用。

防范提示：牢记"天上不会掉馅饼"，一些来历不明的中奖提示，不管内容多么逼真诱人，千万不能相信，更不要按照所谓的咨询电话或网页进行查证。

七、网络征婚、交友诈骗

通过婚恋网、交友网等网络交友、相亲网站，以"高富帅"或"白富美"的虚假身份迷惑事主，骗取信任、确立交往关系后，选择时机提出借钱周转、急需医疗、家庭遭遇变故等各种理由，骗取钱财后销声匿迹。

案例：程某某上某婚恋网时，有一自称王子的男子与其联系，希望和其交朋友，后双方互留电话号码，几天后，王子与程某某联系，称要开店希望其送花篮，并提供了花店电话，程某某将人民币 2760 元汇入对方提供的账号内，王子却"人间蒸发"了。

防范提示：应认准正规的交友网站，交友过程中如对方提出汇款请求，一定要反复核实，切忌贸然汇款，谨防上当受骗。

八、虚假招工诈骗

借用某些企事业单位或酒店的名义通过网络发布招工信息，待事主联系后以缴纳押金、保险、服装费等多种借口要求事主向指定账户汇款。

案例：王某某与一个在网上搜到的招工电话联系，对方让他到国际饭店去，11时许，王某某到了国际饭店后就与对方联系，对方让他先汇400元服装费，他就向对方提供的账号汇了400元人民币，汇完后给对方打电话，对方称还要汇400元皮鞋钱，于是他又汇了400元人民币，汇完后给对方打电话，对方称还要交1000元的公关费，此时王某某才发觉被骗。

防范提示：找工作要到正规的招聘网站、劳务市场或有营业执照的中介场所。对于先让交报名费、培训费的招工信息，要提高警惕，防止被骗。

九、网络虚拟物品诈骗

此类案件的侵害对象较为明确，即广大网络游戏玩家。网络游戏中，犯罪分子以低价出卖游戏装备或帮玩家"练级"为诱饵，诱使事主向其付款，等事主付款后，不发货或中断和事主联系，以达到诈骗目的。

案例：小吴在QQ网络游戏中看到一则卖"穿越火线"游戏装备的信息。便根据该信息中的QQ号与对方取得联系。对方一男子以"要买装备先付定金，网络支付信息出错、操作时间超时，需先付款后返还超出部分现金"为由，要小吴给其QQ账号充Q币。小吴按对方要求连续四次向对方QQ账号充入价值2800元的Q币时，对方再次提出购买要求，小吴发现自己受骗。

防范提示：网络游戏虚拟世界里，不轻信网游中的一些"战友"，不轻易泄露银行账号和密码，尤其警惕先付款后交货的交易方式。游戏点卡、装备应通过官方指定渠道进行交易。

第八章
安全使用燃气

第一节

燃气是我们生活的朋友

我们平时所说的煤气是一种俗称，准确地说，应称为"城市燃气"、"城镇燃气"或直接称为"燃气"。最早的城市燃气是用煤生产的，所以人们称之为"煤气"，称供应燃气的单位为"煤气公司"。

1. 人工煤气

人工煤气（俗称煤气）是由多种单一气体混合而成的燃料，其中含有部分的一氧化碳。由于人工煤气中含有部分一氧化碳，一旦发生泄漏，就会通过呼吸道进入人体血液中，轻则造成身体不适，重则造成人员中毒，乃至死亡。当空气中的煤气含量超过5%时，遇到明火会发生爆炸。

2. 天然气

天然气作为一种高效、清洁的优质燃料，已被广泛采用。天然气热值约为人工煤气的2.3倍。其主要成分是甲烷，含量高达90%以上，其余为乙烷等。天然气同人工煤气一样都具有易燃、易爆的特点，燃烧时都必须有氧气助燃，同时会产生大量的二氧化碳气体，如长时间在使用燃气的密闭空间中逗

留，会造成人员窒息死亡。当空气中的燃气含量超过5%时，遇到明火会发生闪爆事故。

3. 液化石油气

液化石油气（俗称液化气）是在石油炼制过程中由多种低沸点气体组成的混合物，它的主要成分是丙烷、丁烷等。液化石油气中不含一氧化碳，不像人工煤气那样会使人引起血液中毒，但如果空气中所含的浓度较高，会使人麻醉发晕，如不及时采取措施，也将有可能发生致命危险。液化石油气与空气混合后，不论气温多么寒冷，只要遇有火种，很容易引起燃烧，造成火灾。此外，由于它比空气的密度大，不容易散发，在室内空气中，液化石油气含量达2%～10%时，遇火种即可引起爆炸。但是，只要懂得液化石油气使用常识，按照要求正确使用，液化石油气的各类事故是完全可以避免的。

第二节

燃气安全使用常识

一、如何正确使用燃气

①使用燃气时，一年四季都要保持空气流通。

②使用燃气时，要有人照看。

（建议使用带熄火保护装置的"安全型灶具"）

③要经常检查连接灶具的胶管、接头，发现胶管老化松动，应立即更换，在正常情况下，每18个月必须调换，接口处要用夹具紧固。

（建议使用金属软管）

④不准自行接装、改装燃气设备。

⑤装有燃气设备的场所不能充当卧室。

⑥燃气使用后、临睡前、外出时，要关闭燃气阀门。

⑦超过使用年限的燃气器具应及时更新。

二、怎样安全使用燃气热水器

①燃气热水器的安装应请持有燃气管理处颁发的"专业上岗证书"的专业人员进行施工。

②燃气热水器的气种类型与所用的气种类型要严格一致。

③要严格按照热水器产品说明书要求安装和使用燃气热水器，安装燃气热水器排放废气的烟道管要使用内配管或金属管，并完好地与热水器的出气口可靠连接。燃气热水器排放废气的烟道管应单独设置。

④经常检查燃气热水器烟道管、接口处，发现损坏和脱落，应及时调换与紧固，发现异常情况及时报修。

⑤热水器每隔8个月要清洗保养。

⑥禁止在浴室内安装非"平衡式强排风"燃气热水器。

三、发现燃气泄漏如何处置

当嗅到燃气异味时；

①打开门窗，保持空气流通；

②关闭总阀，疏散室内人员；

③杜绝火种，禁止启闭电气；

④户外报修，以防发生意外；

⑤修理完毕，人员方可入室。

①改装、迁移或拆除燃气计量表或表前管道，应到燃气公司营业窗口申请和办理。计量表出口后的管道及其附属设施，应委托持有燃气管理处颁发的专业上岗证书的专业人员安装。

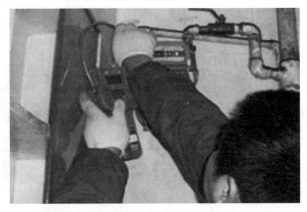

禁止：在输配管网上直接安装燃气器具或者采用其他方式盗用燃气。

禁止：擅自改装、迁移或者拆除燃气设施。

禁止：擅自变更燃气用途。

禁止：其他危及公共安全的用气行为。

②若将燃气计量表设置在橱柜内，应在橱柜上做百叶门和通气孔，保持空气流通。

禁止：将燃气计量表设置在吊平顶内或不通气的橱柜内。

禁止：将燃气计量表前管道敷设在墙内和设置在吊平顶内。

③如需在道路和街坊路面施工，施工单位应事先向燃气公司申请燃气管道监护，在办理燃气管道交底手续后，方可进行施工。在燃气管道设施的安全保护范围内，禁止从事下列活动。

禁止：建造建筑物或构筑物。

禁止：堆放物品或者排放腐蚀性液体、气体。

禁止：未经批准开挖沟渠、挖坑取土或者种植深根作物。

禁止：未经批准打桩或者顶进作业。

禁止：其他损坏燃气管道设施或者危害燃气管道设施安全的活动。

④房屋出租应提供安全可靠的燃气设备。

⑤用户要配合燃气公司每两年一次的燃气设施安全检查，燃气计量表出口后的管道及其附属设施由用户负责维护和更新，发现隐患，应及时整改。用户亦可委托燃气公司进行整改。

⑥不要在安装燃气设备的周围堆放易燃易爆物品。

⑦室内下水系统应设置"盛水弯头"，以防地下燃气管道意外断裂后，泄漏的燃气通过下水管道进入室内造成人员伤亡和财产损失。

如何预防液化石油气罐爆炸

1912 年，美国制成了世界上第一台民用液化石油气灶具。

1965 年，我国最先在北京发展了大约 5000 户液化石油气居民用户。

钢瓶在设计制造时，对其耐压、使用温度范围、液化石油气罐装量等都做了严格的规定和要求，保证在设计条件内使用不发生意外。一般情况下，钢瓶内液化石油气是气、液两相共存，处于相对平衡状态，但在实际使用中，由于某些特殊的客观因素却可能超过钢瓶使用条件，致使钢瓶爆炸。

煤气罐爆炸的威力是致命的，它会瞬间产生两次破坏。开始是罐体破裂发生物理爆炸，液态石油气瞬间膨胀 250 ～ 300 倍变成气态，产生冲击波，犹如地雷爆炸。

变成气态的石油气迅速与空气混合，当在空气中的含量降至 3% ～ 11% 时，如遇明火，将产生化学爆炸，整个气体空间爆炸燃烧，产生巨大的冲击波，伤害生命，燃烧财产，破坏建筑。

一、液化石油气罐爆炸征兆

①钢瓶倒卧地面燃烧时，超过4分钟，就有可能发生爆炸。

②火焰颜色由橙黄色变得略微发白；声音由"呼呼"的吼声变成轻微急促的"嘶嘶"声，这就预示着钢瓶即将爆炸。

③有的钢瓶可以明显地看出瓶体稍有膨胀。

④火焰和声音发生变化，持续约5～10秒钟，声音和火焰突然消失，随即发生爆炸。

二、液化气罐爆炸的四大主要原因

1. 钢瓶超量充灌

超量充灌是钢瓶发生爆炸最主要的原因。民用液化气罐有多种规格，如10千克、15千克，但钢瓶的灌装量绝对不可超过其容积的85%。超量充灌的钢瓶即便正常使用，也具有爆炸危险。而当"超重"钢瓶受到太阳高温暴晒、火炉或暖气片的烘烤、室内外温差的陡然变化等因素的影响会加大爆炸的可能性。

2. 钢瓶倒卧燃烧

钢瓶体是圆柱形，装有减压阀会产生偏重，致使减压阀出气口朝地面燃烧，若地面是水泥、沥青、石板等，燃烧的温度会辐射到瓶体上，使钢瓶局部受到火焰的直接灼烧，钢瓶内的液化石油受热后迅速膨胀，便会发生爆炸。

3. 热水烫瓶底

这种情况在冬季发生的比较多。为了使液化气火烧旺起来，有的用户用热水浇烫、火烤钢瓶的方法。尤其是用火烤钢瓶，会使钢瓶失去应有的强度，很容易导致钢瓶爆炸。

4. 钢瓶"带病"工作

钢瓶是压力容器，必须在"体格结实，没有毛病"的情况下工作，如果长期使用，缺乏检查、保养和维修，钢瓶就会出现锈蚀穿孔、裂纹，以致丧失耐压强度，稍遇到高温、挤压或碰撞就会发生爆炸。

三、液化气罐也有寿命

液化气罐不是永久耐用品，气罐安全使用期限只有15年，在此期间每4年还要进行一次定期检验，以便查出存在的缺陷。

四、液化气罐着火怎么办

①遇到家中液化石油气罐失火时，应尽快拨打："119"报警，并及时疏散屋内人群。

②如果气罐受热时间较短时，应立即关闭煤气罐阀门，并及时切断电源；如果受热时间较长，不要马上关闭阀门或使用冷水浇灭，以免引起爆炸。

③要在安全场所等待消防人员赶到，先对气罐进行均匀冷却后，再进行灭火。

④切不可将着火的气罐倒在地上。